恐龙王国大探奇

[韩]柳太淳 / 著

[韩]李泰虎 / 绘　洪仙花 / 译

时代出版传媒股份有限公司

安徽少年儿童出版社

恐龙归来

为了收集资料，我们访问了日本的国立科学博物馆。当第一眼看到暴龙的骨骼化石时，大家忍不住在心里感叹：哇，真大呀！尽管我们之前就知道恐龙非常庞大，但现场情景还是完全超出了我们的想象。让我们惊叹的还有像犀牛一样口鼻部长着角的三角龙、以头当武器的肿头龙，等等。馆内的恐龙各有各的特点。想一想这些恐龙成群结队的样子，就令人毛骨悚然。

英国古生物学家理查德·欧文创造"恐龙"这一名词已经有170多年了。现今通过化石得知的恐龙就有900多种，目前在挖掘现场中每个月也至少发现一种以上的新恐龙。尽管专家们对挖掘出的大量化石进行了不懈的研究，但恐龙对人类来说还是一个谜。

恐龙产生于约2.25亿年前的中生代三叠纪，并迅速称霸、支配地球达1.7亿年之久！然而，这些庞大的生物突然从地球上永远地消失了。究竟发生了什么事情呢？这是一个充满悬念、令人心驰神往的问题。还有，恐龙的肤色是怎样的呢？恐龙是否能发出声音呢……有些喜欢恐龙的人甚至希望恐龙能出现在我们的眼前。

这本书是以"如果恐龙出现在现今社会将发生什么"这个疑问为出发点的。魔界和人类一起生存的大魔王国中突然出现了恐龙，究竟会有什么事情发生呢？我们有没有可能与植食性恐龙成为朋友，与惊人的肉食性恐龙决一雌雄呢？你想不想解开关于恐龙的谜团呢？好，各位，现在就与比奥王子一起走进生活着恐龙的大魔王国吧！

一、二、三，出发！

全体作者

我是个坏王子！

比奥

好奇心极强的大魔王国的王子

爱好：吃恐龙蛋、挑逗恐龙、"埋葬"暴龙等

酷啊

比奥身边的宠物妖怪，可以随意变身。会说的话只有"酷啊！"

学习都是为了自己啊！

头大、胳膊粗又不是我的错！

大魔王

被触及众所周知的秘密就马上发怒的大魔王国的国王

爱好：制作新符咒、训斥恐龙、在众人面前演说等

管家

终日为解决大魔王和比奥的麻烦而繁忙的家臣

爱好：钓鱼、学习使用搜索引擎等

库拉

有高贵血统的吸血鬼家族的儿子，天天渴望吸血的吸血鬼

爱好：吸恐龙血、追随比奥等

卡卡

一讲到自己掌握的知识，嗓门就变大的人类女孩

爱好：快餐店的炒年糕、与朋友打赌等

主要恐龙

目 录

唉！

邪恶到底

魔王大人，您怎么了？

100年前我们魔界人口突然减少。

哼哼

为了维持魔界运转，就把人类带了过来。

但是由于人类的善良，别说是恢复魔界，连魔族们也变得像人类一样善良。

哈哈哈

早上好！

你好！

魔界一直充满着笑声！

啊哈哈！

哈哈

嘻嘻嘻

更可恶的是，魔界继承人比奥，我的儿子，竟然比人类还要善良！

不见得吧……

啪

垃圾桶

将来要当魔王的家伙，太善良是绝对不行的！

垃圾应该扔到垃圾桶里。

把垃圾扔到垃圾桶里不也是善事吗？

……

啪

我要给比奥进行地狱式邪恶训练！

王子殿下现在还小……

哆哆嗦嗦

父皇，我今天共做了3件坏事呢！

真的吗？

第一，踢了路边的狗一下；第二，抢了村子里小朋友的糖；最后，把停着的卡车给推走了。我做得很好吧？

真是个比我还坏的家伙！

那、那些邪恶的坏事真的都是你做的？

真乖，越来越像真正的魔族了……

再给您一个惊喜吧！

唰

这次考试中所有科目都是零分！

哈哈

咦？

魔王大人

哗啦啦

魔王大人

这也算坏事吗？怎么感觉怪怪的呢！

我们要告知您一些关于王子的事情！

嘻嘻。

应该是因为比奥做的坏事来找麻烦的吧！

嘻嘻

怎么样?

唉!

一想到要把王位让给那么善良的家伙,真让我担心魔界的将来呀!

这样下去魔界就要变成天使的世界了!

他的苦恼真搞笑!

想一想都头疼。

我有个办法可以激发王子殿下的本性。

是什么?

但会有点危险!

嘀嘀咕咕

什么,恐龙?!

是的。是地球上生存过的最庞大、最残暴的动物。

把王子送到恐龙时代的话,应该可以激发他魔族的本性!

这个主意不错。就当留学一年吧!

嘀嘀咕咕

呜!呜!太棒了!

6个月应该足够了吧?

太好了!做个时间移动符咒,把他送过去吧。

请冷静点!

我怎么没想到呢?

千万不能出差错哇!

沙

沙

沙

送往恐龙世界！

碎啊

哐当

您小心点哪！

唉，最后阶段得换一种形式了，真累人！

差点碎了。

辛、辛苦您了！

比奥应该安全到达恐龙世界了吧？

应该是吧。

呼 呼

空翻没翻好，有点让人担心！

把他送去后，心里还挺不舒服呢！

我唯一的儿子！

呜呜呜！

王子啊！

想开点吧！

一年后变成残暴的人就回来吧！

突然感到很凄凉，不知道这么做是对是错……

父皇！

嗯？

怎么了？发生什么事情了吗？

酷啊？

呃呃

呀啊啊啊

"恐龙"这名称有什么含义?

叔叔为什么叫"NEMO"啊?

哈哈哈!

伟大的漫画家当然要有一个国际化的名字啦!

噗呜

噗呜呜

噗呜

噗呜呜

那些凶恶的家伙是什么东西啊?

暴龙,是生活在白垩纪的最强的肉食性恐龙。

好大啊!

叫暴龙啊,名称也和长相一样凶恶。

噗噜

噗噜噜噜

噗呜呜

恐龙的英文名"dinosaur"是 1841 年英国科学家理查德·欧文最初创造的,是由含义为恐怖的"dinos"和含义为蜥蜴的"saur"结合而成的。

恐龙的名字一般都能突出其特征。暴龙就是以其残暴的习性而取的名字。

那其他的恐龙呢？

举例来说，恐爪龙的外形特征就是长有锋利的大爪。慈母龙就特别会照顾自己的幼仔。

暴龙
（残暴的蜥蜴）

慈母龙（慈母般的蜥蜴）
恐爪龙（有恐怖爪子的蜥蜴）

不管起什么样的名字，目前最重要的是怎么才能把它们弄走！

我有一个好办法，魔王大人！

噗噜噜噜

噗噜噜

从这儿往西走 50 千米就有一个林木茂盛的无人岛！

呜

呜！

把不小心招来的恐龙都带到那个岛上。然后，把那边开发成旅游胜地，这样还可以提高收益。

这个主意简直太好了！

大人，这次可千万不要再失误了！

放心吧！

沙 沙

"恐龙"名称的由来

最先使用"恐龙"一词的是英国古生物学家理查德·欧文(1804—1892)。欧文把含义为可怕的"dinos"和含义为蜥蜴的"saur"两个单词结合起来称之为"dinosaur"。汉语"恐龙"是从英语"dinosaur"翻译(意译)过来的。

为恐龙起名也有规则吗

通常，科学家在为新发现的恐龙起名时都能较好地突出其特征，比如三角龙、暴龙等。世界通用的专业名称即学名(scientific name)习惯用拉丁文,因为在学术领域中还保持着使用拉丁文的传统。

☠名称反映出恐龙的特征和相关信息

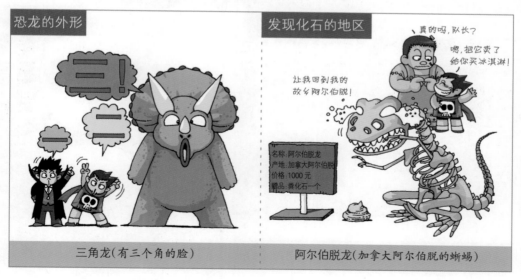

恐龙的外形

三角龙(有三个角的脸)

发现化石的地区

阿尔伯脱龙(加拿大阿尔伯脱的蜥蜴)

恐龙能发出或听到声音吗？

好听！

噗呜

噗呜

噗呜呜

噗呜

还在外边吗？

它们都不睡觉吗？

好球！

好球

数量好像变得更多了呢！

父皇，我有个好主意！

如果恐龙会讲话，我们就能知道它们想要什么。它们能与人交流，就能减少危险，不是吗？

嗯，这是个好主意！

用魔法让它们变得会讲话，怎么样？

讲话？

恐龙也有声带和耳朵吗?有这些器官才能进行交流呀!

可能没有声带,但可以发出声音。

恐龙虽然没有像哺乳动物一样突出的耳郭,但可以通过头骨的小孔听到声音。

耳

暴龙的头骨

像伶盗龙那样集体狩猎的恐龙大概是用声音来进行交流的。据说,头上长有角或冠的恐龙是利用角或冠来发出声音的。

噗嘟嘟

噗呜呜

嘎嘎

嘎嘎嘎

嘎嘎

实验表明,往模仿副栉龙的软骨冠而做的发声器官中吹入空气,确实发出了像长号一样的低频率声音。

噗呜呜

嗯.

哇,你真厉害啊!什么时候学了这么多东西啊?

用搜索引擎学了一点。嘿嘿嘿!

不错,继续努力吧!

好,那就赋予恐龙听和说的能力,让我来听听它们的要求吧。

唰啦

哇啊

您太帅了,魔王大人!

恐龙也能听声音

恐龙属于爬行动物,爬行动物已出现外耳与中耳的分化,但是没有出现像哺乳动物那样的耳郭。仔细观察恐龙的头骨就会发现,它的头两侧长有与爬行动物相似的耳孔,这个耳孔就是恐龙的听觉器官,恐龙就是通过耳孔来听声音的。

恐龙怎样发出声音

副栉(zhì)龙长有由骨头和气囊组成的共鸣腔,通过共鸣腔,它能发出各种各样的声音。其他恐龙也能利用其特殊的生理构造发出声音。像伶盗龙那样擅长集体狩猎的恐龙在捕食过程中,声音就是它们重要的交流、协作手段;而像暴龙等单独捕食的恐龙,为了宣示自己的领地或寻找配偶,也会发出声音。

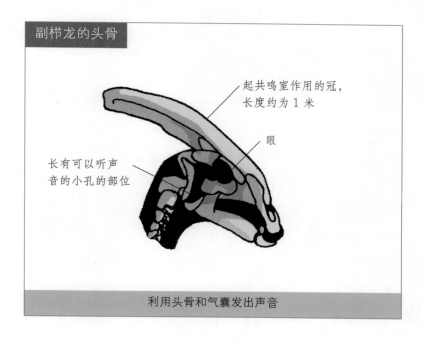

副栉龙的头骨

起共鸣室作用的冠,长度约为 1 米

眼

长有可以听声音的小孔的部位

利用头骨和气囊发出声音

肉食性恐龙怎样捕食猎物？

肉食性恐龙可不像植食性恐龙那样温顺，它们非常残忍，会把我们当食物吃掉的！

把我们当食物？

肉食性恐龙长有强劲的牙齿和前爪，不仅捕食植食性恐龙，连比自己弱的肉食性恐龙都不会放过！

身体比较小的伶盗龙和恐爪龙会成群地攻击庞大的恐龙，视力较好的伤齿龙则会趁猎物休息的夜间出来捕食。

我可是大魔王啊！让暴龙和伶盗龙都过来吧，我一下就能搞定它们！

嗨哇！

还是父皇厉害啊！

是吧？噗哈哈哈！

轰隆隆隆

噗呜呜呜噗呜呜

其实我……嗯？

噗呜呜呜

哇哇哇哇

嘎嘎

那、那个……

*半身浴：韩国流行的一种浸泡下半身的洗浴法，有保健作用。

怎么样，凉快吧？

您不是说帮我抓暴龙来当宠物吗？

仔细一想，恐龙村太无聊了。解暑还是半身浴*最好。

这里有我的位子！

虽然是明智的选择，但这个有点……

肉食性恐龙的捕食特点

☠ 单独捕食

大型肉食性恐龙会独自藏在树林里，等猎物出现后突然扑上去。

☠ 集体捕食

躯体小而头脑灵活的肉食性恐龙善于采用集体作战的捕猎方式。

☠ 趁天黑突袭

视力比较好的伤齿龙利用动物不怎么活动的夜间，捕食一些小型哺乳动物。

☠ 不劳而获

某些大型肉食性恐龙连死去的动物也不放过，以节省体力和时间。

恐龙是怎么分类的？

它又是谁啊？

是恐龙吗？

嘿，

我叫多利。

啪啪

快报上名来！

要想统治恐龙，首先要了解它们！

今天我就来说一说关于恐龙分类的知识。

好吧。

啪

嘿

这里是著名演员嘉娜的游泳教室

亮相

小朋友们好！

快点换成恐龙分类的带子！

等、等一下！

不要！

对、对不起，我好像放错带子了！

游泳前一定要做准备运动！

哇噢！

竟犯这种错误！

准备运动啊！

* 多利是韩国经典动画片《小恐龙多利》中的角色。

恐龙根据其骨骼的构造可分为蜥臀目和鸟臀目。

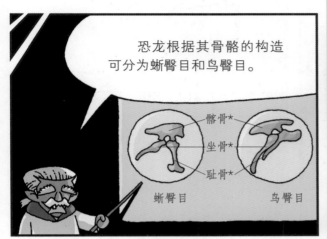

髂骨*
坐骨*
耻骨*

蜥臀目　　　　鸟臀目

*髂骨：内盆两侧又长又粗的圆桶形骨。
*坐骨：组成骨盆的左右两侧骨。

蜥臀目是像蜥蜴一样耻骨与坐骨延伸的方向不同的恐龙，可以分为两脚行走的兽脚类和四脚行走的蜥脚类。

……

*耻骨：坐骨前侧围着骨盆的骨。

兽脚类就是指像暴龙一样的肉食性恐龙，蜥脚类就是指躯体庞大的植食性恐龙。

兽脚亚目　　　　蜥脚亚目

鸟臀目是像鸟一样坐骨和耻骨平行的恐龙，它们都是植食性的，分为鸟脚类、剑龙类、角龙类和甲龙类。

鸟脚类的嘴像鸭子一样扁。剑龙类背部弓起，背脊上长有骨质的剑板。角龙类头部长有角。甲龙类则全身除腹部以外均被骨甲覆盖着。

鸟脚类

剑龙类

角龙类

甲龙类

下一个是……

呼噜噜！呼！

呼！　呼！

今天的课就上到这儿！

明天继续学习！

不就是睡着了嘛，至于那么生气嘛！

对了，比奥——

嗯，从父皇的眼神中，我已经看出来了！

快点找一找刚才的游泳教程，快！那妹妹的样子一直浮现在我脑海里。

嘻，就知道会这样，早就拿出来了！

这个也不是啊！到底跑哪儿去了呀？

恐龙的分类

蜥臀目恐龙：有与蜥蜴相似的腰带的恐龙

兽脚类	蜥脚类

用两脚行走的肉食性恐龙。 典型代表是暴龙。	有长长的颈和庞大的身躯的植食性恐龙。 典型代表是腕龙。

鸟臀目恐龙：有与鸟相似的腰带的恐龙

鸟脚类	剑龙类

它们用强壮的后肢奔走,脚形很像鸟爪。 典型代表是禽龙。	背部弓起,背脊上长有骨质的剑板。 典型代表是剑龙。
角龙类	甲龙类
	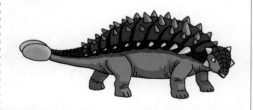
属大型植食性恐龙,头部有角。 典型代表是三角龙。	全身除腹部以外均被骨甲覆盖着。 典型代表是甲龙。

蜥脚类恐龙有什么特征？

呵呵当,呵呵当,铃儿响 呵呵当今晚滑雪多快乐……

我们坐在 雪橇上——

嗡嗡嗡

哇!

您通宵学了 这么多东西吗?

当然啦!要跟 恐龙一起生活,需 要的知识太多,不 学能行吗?

治理国家不是那么简 单的。百姓们为了听我的演 讲一大早就开始等我,我们 还是快点出发吧!

父皇,您 太帅了!

跟我学 一学吧!

……

人来得 还真多呀!

只有 三位

凄凉

嗖哦哦哦

魔界大魔王的 "与恐龙共存"演讲

那也没办法。只有几个人也得继续演讲啊!

知、知道了!

其他村子里今天有"东方神父"演唱会,人都去那边了!

东、东方神父?

生气

要与我们一起生活的恐龙,其身体庞大而且非常危险,所以以后要多加小心。

村子里一出现恐龙就马上通知魔城,就算是恐龙幼仔也绝对不可以接触!

父皇!

在那边的草丛中发现了这只小恐龙。

嘎嘎

砰

快给我放回原处!母恐龙过来就糟啦!

好像是与母恐龙失散而迷路的。

想帮它找母恐龙!

呃啊

知道是什么恐龙的幼仔才能找啊,所以过来问一下。

是吗?

这家伙颈长头小,大概是蜥脚类恐龙的幼仔。

蜥脚类?

长得还挺伶俐的呢!

嘻嘻嘻.

世界上最大的动物——蜥脚类恐龙

　　蜥脚类恐龙是地球上生存过的身躯最庞大的动物,属植食性恐龙。它们粗壮的四肢可以支撑庞大身体的重量;颈和尾巴较长,而身躯较短。长长的颈又轻又坚硬,可以灵活地活动。蜥脚类恐龙由于身躯庞大,所以有食物需求量大和动作迟缓等缺点,但庞大的身躯可以抵抗肉食性恐龙,起着威慑的作用。

马门溪龙

体长约为 22 米,体重为 15~35 吨。
颈长达 11 米,是体长的一半。

腕龙

体长约为 21 米,体重约为 78 吨。
前腿比后腿长,所以躯体有点向后倾。

萨尔塔龙

体长约为 12 米,体重不详。
身体比其他蜥脚类小,体表分布着骨质甲板。

迷惑龙

体长 21~27 米,体重约为 30 吨。
脖子粗壮,肋骨特别发达。

恐龙是什么时候出现在地球上的？

魔王大人，遵照您的吩咐，已经把人间有名的恐龙专家请来了。

请来？分明就是绑架嘛！

光看外表不像专家，倒挺像乞丐的！

什、什么？！

说我是乞丐？不管怎么说我可是差点拿下恐龙学诺贝尔奖的人呢！

只是说看起来有些像嘛！

邪恶到底

噗哈哈哈！竟然要测我这个专家？

这家伙简直不把我放在眼里！

真可笑！

太、太无礼了！

好吧，那就做一下简单的测试吧。恐龙是什么时候出现在地球上的？

什么？

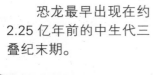

恐龙最早出现在约2.25亿年前的中生代三叠纪末期。

中生代分为三叠纪、侏罗纪和白垩纪，恐龙在侏罗纪时最为繁盛，在白垩纪时灭绝。

三角龙
暴龙
异特龙
剑龙
白垩纪
侏罗纪
板龙
虚形龙
三叠纪

恐龙出现时，地球的气候非常干燥，但恐龙的皮肤很厚，卵壳也很坚硬，所以才能生存下去。

通过进化，恐龙身体变得越来越大……

哼哼……

他说的没错吧？

嗯，这不是网上都有的知识嘛！

自己能上网找，干吗把我绑架过来呀？

我虽然不知道你们是谁，但最好快把我送回去。我可不是好惹的！

咳，竟敢跟大魔王如此讲话！

脾气变暴的嘛！

这次邀请你是因为这位魔王大人的儿子比奥王子想学习关于恐龙的知识，所以……

请务必关照啊！

勃然大怒

为了教儿子就把我抓过来吗？

图示地质年代表

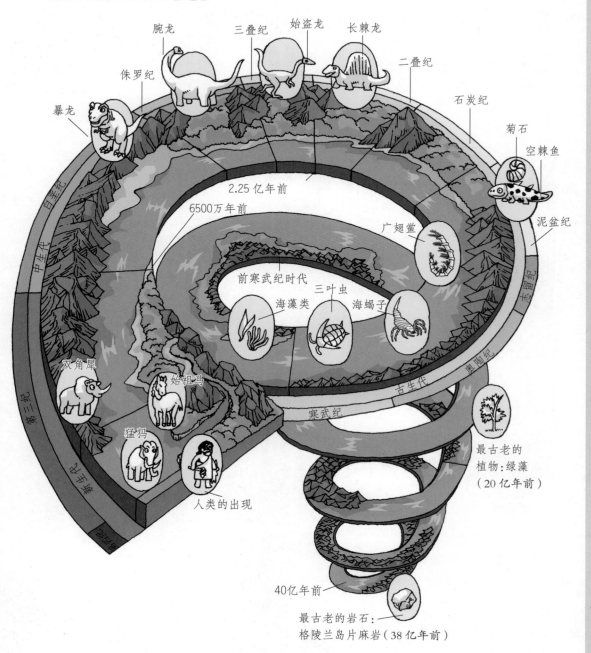

恐龙脚印化石有什么价值？

在这种破地方怎么教恐龙知识啊？

就算是规模较小的恐龙博物馆，也得有个恐龙骨骼或脚印化石之类的啊，再不行有个恐龙模型也好啊！

虽然不是化石，但脚印倒是到处都有啊！

什么？

除了这些，其他地方也有很多。

咦？

噗哈哈哈，如果这地方有恐龙脚印的话，我早就应该发现了，小家伙！

您看看那边！

不能拿大人开心啊！

这、这个一定是禽龙的脚印！

呜呜呜

怎么会这么幸运！

真神奇！光看脚印就知道是禽龙吗？

会不会是瞎猜的啊？

喂，小朋友，你们可能没听过我伟大的经历吧？

怎么可以说是猜的呢？

喂！

我可是古生物学界，特别是在恐龙学界最有权威的人物啊！仅凭脚印化石，我马上就能知道是什么恐龙。

哇，刮目相看了呢。

脚印化石等遗迹化石*不像骨骼化石可以移动，它是判断恐龙栖息地的重要依据。

根据脚印的深浅、形状和分布情况，可以推测恐龙的步行速度、趾数和是否过群体生活，等等。

好，我们再去别的地方找找吧！

出发！

为什么要找脚印呢？

*遗迹化石：沉积物表面或内部保留着生物生活遗迹的化石。

什么是化石

化石是经过自然界的作用,保存于地层中的古生物遗体和它们的生活遗迹,包括排泄物、脚印、动物栖息的遗迹等。简单地说,化石就是生活在古代的生物的遗体或遗迹变成的石头。

从恐龙脚印化石能推测出什么

☠ **恐龙的栖息地**:脚印化石不像骨骼化石那样可以移动,可以据此推测恐龙的栖息地。

☠ **恐龙的行走方式**:通过脚印间的距离可以推测恐龙行走的大致速度。通过排列方式可以推测出是 2 只脚行走,还是 4 只脚行走。

☠ **恐龙的习性**:通过脚印的数量、方向和排列等可以推测这种恐龙是群体生活还是单独生活。

在美国亚利桑那州发现的鸟脚类恐龙脚印化石

恐龙粪化石有什么价值？

噗哈哈,这粪真漂亮!

哎呀,羞死了!

酷啊

没想到真有这种地方啊,太稀奇了!

等我回人间后,恐龙学又会有一次飞跃了!

到底什么时候才上课啊?

都没有我们知道的多嘛!

哈哈哈!

噗呜!

咕呼!

紧握

跟着我就是学习啊。但是,那个长得像吸血鬼一样的家伙去哪了?

如果迷路的话可是我的责任啊!

不就在叔叔后边嘛!

啾啾啾

呜啊啊 你这家伙在做什么啊

警告过你,不要吸人的!

难、难道是真的吸血鬼?

啊啊啊啊

开个玩笑而已喽!

叔叔,粪也是化石吗?

当然啦。那叫作粪化石。从恐龙的排泄物中可以推测出它的食性呢。

如果粪化石中含有骨成分磷,就是肉食性恐龙,而含有植物遗迹的话,就说明是植食性恐龙。

粪化石

截面图

这里生活着恐龙,所以直接调查排泄物能获得更多的信息。

简直是小事一桩嘛!

真的吗?

通过这个排泄物就能知道主人的信息吗?

呃,真恶心!

嗚!

咦,这个排泄物这么少啊?是个新发现哪!

还热乎乎的呢!

哈哈

这个要好好保存起来……

滚滚滚滚

到处都是恐龙,有必要调查那个吗?

好吧，来调查一下吧！

戴、戴手套，难道是要……

住手！

摸来 摸去

啊啊啊

呀啊

唰啦

呃呃

呜呼

这、这是有关恐龙的新发现！是个既食肉又食草，具有与人类相似食性的恐龙！

那是当然啦！

恶臭 恶臭

因为那是我拉的屎啊！

呃呃呃

不要那么夸张嘛！

什么

惊吓

啊啊啊，真是个肮脏的家伙！

哇，这也有堆屎啊！

酷啊！

扑通扑通

恐龙粪化石的用处

粪化石不仅可以帮助我们推测出恐龙的食性,也是了解当时生态环境的重要依据。以前认为,恐龙灭绝后地球上才出现了草,但最近通过分析巨龙的粪化石,发现其中含有草特有的成分,因此推测白垩纪时也可能存在过草。

怎么辨认恐龙粪化石

不是所有中生代的粪化石都是恐龙遗留下来的。因为中生代也生存着其他爬行动物和哺乳动物。通过化石的外观不能确认是不是恐龙的化石,一般把在恐龙化石多的地区发现的粪化石判断为恐龙粪化石。

像岩石一样坚硬的恐龙粪化石

恐龙为什么那么庞大？

咻咻啊！
哗啦
哗啦
酷、酷啊！
嘿嘿嘿！
啊啦！

咦？

这怪物是谁呀？
这哪是怪物啊？
长得真恶心！
呃啊

这可是我网聊好几个月才约出来见面的恐龙村的村花呀！
多漂亮啊！

在你眼里她像村花吗？
这、这个嘛，挺像猩猩的！
看看！
竟然说她像猩猩？！

魔王大人，您可千万别允许他们……啊？

爬行动物跟哺乳动物的区别就在于，爬行动物可以一直生长。

之所以这样是因为——

爬行动物的骨端一直保持着软骨状态，这个软骨可以一直生长，再加上恐龙活得久，所以才变得庞大的。

哺乳动物的骨

软骨

爬行动物的骨

如果这是几个月前拍照的话，现在应该变得非常大了！

不至于吧！

是吗？这时候看起来也不小啊！

嗯，绝对不能让怪物做我的儿媳妇！

虽然是个明智的决定但……

我决不会让你踏出家门半步的！

哈，真不愧是队长啊！

快餐

王子已经出去了！

咣当

恐龙身体变大的原因

三叠纪最大的恐龙是体长为 7 米的板龙。侏罗纪时出现了体长达 50 米的地震龙。恐龙之所以变得这么庞大，其原因如下。

☠中生代的环境

中生代气候温暖，二氧化碳含量丰富，促使植物异常繁盛，因此植食性恐龙就有了丰富的食物，身体也就变得越来越大。为了捕食庞大的植食性动物，肉食性动物也变得庞大起来。

☠爬行动物的特性

爬行动物与哺乳动物不同，其骨端可以持续保持软骨状态，而软骨可以不断地生长，这样，爬行动物就可以一直生长到死为止。恐龙也是这样，当然，长到一定程度后其生长会变得迟缓一些。但恐龙的寿命较长，其身体也就长得非常庞大。

地震龙
（平均寿命为 110 年左右，体长为 50 米）

真、真大啊！

板龙
（平均寿命不详，体长为 7 米）

最小的恐龙
是什么？

啧噜噜！快把我放下来！

啊，谢谢你救了我的兔子！

什么嘛！听说有个捣乱的恐龙，原来是个小蜥蜴嘛！

对啊，白白紧张一阵！

不是的。它不是蜥蜴，而是肉食性恐龙。

这是体长约为60厘米、体重只有3千克的美颌龙，是恐龙中最小的一个种类。

美颌龙
60厘米

长长的尾巴

两只钩状爪

长长的后腿

虽然不知道你们是谁，但此恩此德我永远不会忘的！

嘻嘻，这位就是魔王大人的继承人小魔王比奥。我呢，是统治黑暗世界的……

嚓！

呵，我的小兔子，吓着了吧？回去给你好吃的啊！

呃啊

给我站住

太没有耐心了吧！

还、还没说完呢，就走了吗？

恐龙的大小

提起恐龙，我们最先想到的可能就是身躯庞大的蜥脚类植食性恐龙，或者像暴龙那样庞大的肉食性恐龙。事实上，恐龙因种类不同而大小各异，甚至有像鸡一样小的恐龙。身体比较小的恐龙骨骼比较柔弱，只有极少数的化石被保存下来，所以非常罕见。在挖掘出的完整的恐龙骨骼中，体形最小的就是在德国和法国发现的美颌龙。

小型肉食性恐龙——美颌龙

美颌龙是生活在侏罗纪后期的肉食性恐龙。美颌龙身体小巧，头只有 6.5 厘米长，体长也只有 60 厘米~1 米。整个骨骼与始祖鸟相似，据推测，它具有长长的腿和尾巴，动作非常敏捷，主要捕食一些昆虫或小动物。

恐龙大小示意图

仅头就有150厘米？

人类(180 厘米)　　美颌龙(60 厘米)　　暴龙(15 米)　　恐爪龙(3 米)

恐龙与其他爬行动物有何区别？

它们的脚印都与事发现场的脚印相似。

这些就是嫌疑犯吗？

伶盗龙

加拉帕戈斯蜥蜴

鳄鱼

只要把现场的脚印和这些嫌疑犯的脚印比较一下，就能知道谁是犯人了。

这比较麻烦……

把它们都送到监狱里，怎么样？

这、这有些困难。

痛快点……

什、什么？

太不讲理了吧！

呃

调查犯罪现场的结果——

其他爬行动物和恐龙的站立姿态和行进方式不同。其他爬行动物行走时四肢是向外伸展的，而恐龙的四肢在其身体的正下方，所以可以直立行走。

爬行类

恐龙

犯人肯定不是普通爬行动物！

是吗？

不是普通爬行类的话……

咦？

所以说事发现场的脚印就是恐龙的!

那、那么……

呃!

原来……

犯人到底是谁呢?

唉, 好复杂!

我不是已经解释了嘛, 是恐龙的脚印啊!

哐当

3个嫌疑犯中恐龙只有一只, 所以它就是犯人!

不、不是, 不是我啊!

啊啊啊, 不是我做的。冤枉啊, 魔王大人!

父皇

扑腾

给我老实点!

可恶的家伙, 这样还不认罪!

扑腾

快给我拉下去打!

父皇, 猪爪还得是野猪的才最好吃啊!

停下 停下

呃啊啊呃啊 啪 啊 啪 啊

酷啊!

穿的鞋是恐龙脚形状的。

是你干的吗?

无辜的恐龙啊!

恐龙和爬行动物的关系

恐龙属于已灭绝的爬行动物,卵生,皮肤被角质鳞覆盖着。但与现今的爬行动物有些不同,据推测,它们有某些恒温动物的特征,而且其骨骼构造也与今天的爬行动物有所差异。另外,恐龙与其他爬行动物的最大区别在于它们的站立姿态和行进方式。恐龙具有全然直立的姿态,其四肢位于其体躯的正下方位置,这样的结构要比其他种类的爬行动物(如鳄类,其四肢向体侧伸展)在走路和奔跑时更为有利。

定义恐龙的 3 个标准

☠ **生存在中生代的爬行动物**:中生代以前和以后都存在着爬行动物,但恐龙只存在于中生代。

☠ **恐龙是生活在陆地上的动物**:中生代有在天空中飞翔的翼龙、海生爬行动物鱼龙和蛇颈龙等,而恐龙只生存在陆地上。

☠ **四肢在身体的正下方**:这是区分恐龙与其他爬行动物的最主要的特征。蜥蜴和龟的四肢长在身体两侧,而恐龙的四肢则在身体的正下方,所以可以直立行走。

动物四肢骨骼的差异

爬行类　　　恐龙　　　鸟类　　　哺乳类

恐龙化石是怎样形成的？

比奥龙？

什么，100万元？

化石

这个破石头怎么那么贵啊？

也不怎么样嘛！

酷啊！

呜呃呃

唰

唰

啪

啪

啪

唰啦

哇呜！

酷啊！

动作挺快嘛！

哇，那个叔叔真帅啊，队长！

这可不是什么破石头！你知道这有多贵重吗？

那种东西，我说做就做。

弄坏了就糟了！

为个石头就气成那样！

化石可不是随便就能做成的，王子殿下！

恐龙要变成化石，需要其尸体被堆积物覆盖，再经过漫长的石化过程才行。之后经过地壳运动*和风化作用*，暴露在地表后才能被人们发现。

*地壳运动:由岩石构成的地球外壳发生变位或变形的现象。
*风化作用:地表的岩石在温度、水、空气及生物等的作用下渐渐崩解或分解的过程。

所以说这种脚印化石非常稀少,也就非常贵重了。

是吗? 那我要是拿来化石,你会不会高价购买呢?

嗯?

那、那当然了，能拿来的话,我会高价购买的。

那请给我一个月的时间。

反正也是不可能的事……

呃?!

酷啊!

我说队长,我们哪有什么化石啊?

我有个好办法。

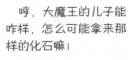

哼, 大魔王的儿子能咋样, 怎么可能拿来那样的化石嘛!

净瞎扯!

你就乖乖跟我走吧!

酷啊!

不管怎样,下个月我会给你拿来暴龙的骨骼化石,你就准备好钱吧!

暴龙的骨骼化石?

真的能拿到化石吗?

化石的形成条件

　　动物不是死掉就能变成化石的。要变成化石，首先，死亡生物的遗体要具有能保存为化石的硬体，如骨骼、牙齿等；其次，要经过诸如地震或泥石流等地质变化，尽快将尸体埋入地下，以便在绝氧的环境下被封存，且不被机械作用破坏。最适合形成化石的地方是海底、湖底和沙漠地区；另外，还必须经历足够漫长的时间。

❶
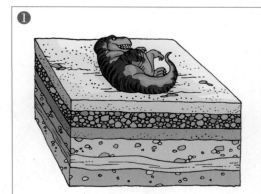

恐龙死后倒地。

❷

沙子和土等覆盖其尸体。尸体腐烂后只剩下骨骼等坚硬的部位。

❸

经过沙子的堆积和地层的变化，骨骼受到热和压力而变硬。

❹
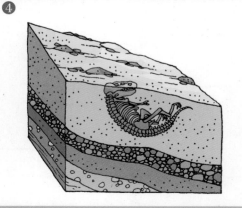

由于地震和暴风雨等作用，地表发生变化，化石就露出了地表。

恐龙也会照顾幼崽吗？

让我们去嘛！

不行！

没有大人的带领，怎么能让你们去那么危险的地方呢！

我们3个人就可以啦！

酷啊！

对啊！

连恐龙的相关知识都不懂，怎么可以啊！

恐龙又不是宠物！

噗哈哈，不可能嘛。我的意思是他俩很努力啦！

我说嘛。太阳怎么可能从西边升起呢？

你还笑得出来吗？

嗯，队长老是睡觉！

为了这次探险，我们收集了很多资料并进行了学习呢。

比奥，你真的学习了吗？

那样的话可以考虑呢！

好吧。如果能答出我出的问题，就允许你们……

答题?!

唰啦

恐龙也像哺乳动物和人类一样照顾幼崽吗?

嗯嗯，学得再多也不可能答出这个问题吧!

我来

呃!

惊吓

呃

学者发现了慈母龙和其卵、幼崽在一起的化石，证明恐龙也是照顾幼崽的。

正好是知道的问题!

激动什么嘛!

2003 年在辽宁省还发现了雌性鹦鹉嘴龙和 34 只幼崽在狭窄的空间中蜷缩在一起的化石呢。

据说肉食性恐龙中的伤齿龙、暴龙和偷蛋龙是照顾幼崽的。

给我滚开!

暴龙

伤齿龙

他们家的幼崽比我们的妈妈还大!

照顾幼崽的恐龙

恐龙照顾幼崽是通过巢化石证明的。小型的奔山龙把植物覆盖在巢穴上,利用植物腐烂时产生的热量来孵卵。偷蛋龙则蜷缩在巢穴上保护卵。还有,通过发现两个成年的暴龙与幼崽在一起的化石,科学家们推测暴龙也可能会照顾幼崽。

慈善的母恐龙——慈母龙

慈母龙英文名(maiasaura)的含义是"好妈妈蜥蜴"。慈母龙是典型的群居动物,它们善于照顾幼崽。雌性慈母龙每次产卵都回到同一个产卵区,为了能更好地互相照看幼崽,各巢穴间距不远。相对于身长为9米的雌性慈母龙,刚出生的幼崽只有30厘米长。雌性慈母龙会一直在巢穴周围喂养幼崽,直到它们能自食其力为止。慈母龙幼崽在巢穴中生活一个月左右,就可以长到1.5米长。

可爱的小宝贝们,吃点啊!

该我了!

植食性恐龙吃什么？

吃什么？

咔吧 咔吧

咔吧

噗噜

咔吧

咔吧

咔吧

那些家伙,吃得可真香啊!

呼,好饿呀!

呸呸呸,好苦啊!

干吗要吃草啊?你又不是恐龙!

我只是太饿了嘛!

看它们吃得那么香,所以……

植食性恐龙根据种类的不同，其颚和牙齿的进化就不同，吃的食物就有了差异。因此，食物的竞争也减弱了不少。

话说回来，所有植食性恐龙都只吃植物吗？

算有那么好吃吗？

植食性恐龙从数量和种类上都比肉食性恐龙多得多，所以在食物上竞争非常激烈。

三角龙

利用尖锐的喙吃些坚韧的蕨树叶

埃德蒙顿龙

用 100 多颗坚硬的牙齿咀嚼松果或树皮吃

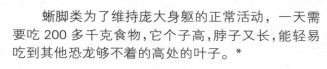

蜥脚类为了维持庞大身躯的正常活动，一天需要吃 200 多千克食物，它个子高，脖子又长，能轻易吃到其他恐龙够不着的高处的叶子。*

我们也找点东西吃吧！

这个荒野中能吃到什么嘛！

*以上内容是假设恐龙属于冷血动物的情况下，如果是恒温动物，那它们每天就可能需要吃 20 吨食物。

没有食物的话，只好去狩猎了。

狩猎？

这里只有恐龙，你要狩猎什么啊？

太危险了！还是找找有没有水果或竹笋吧。

哼,胆子这么小怎么做大事啊？交给我吧。我去抓一只大家伙来。

植食性恐龙的牙齿和食物

☠将式牙齿

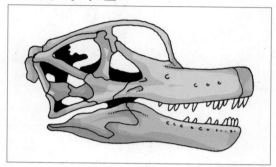

腕龙的头骨

腕龙等蜥脚类恐龙伸着长长的脖子，去吃高处的嫩树叶。它们棒状的牙齿不便于咀嚼食物，但可以把树枝放进嘴里将树叶吃。

☠切割式牙齿

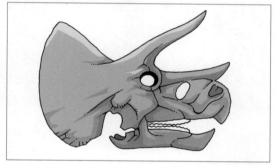

三角龙的头骨

角龙类恐龙用尖锐的喙撕下坚韧的食物吃。它们的牙齿非常锋利，而且互相交错，所以不能磨碎或咀嚼食物，只能切割食物。

☠咀嚼式牙齿

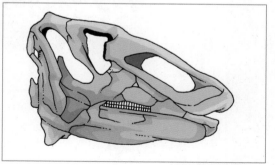

埃德蒙顿龙的头骨

鸟脚类恐龙的牙齿是上下对称的，可以磨碎食物，所以能吃其他恐龙不容易吃的尖尖的树叶、树皮和松树枝。

什么恐龙用头部争斗？

哇!

它们都不嫌头疼吗？

对呀！

它们是肿头龙，其名字含义为"具有山丘状头壳的恐龙"。

顶头争斗的恐龙头骨都又硬又厚,其中最具代表性的就是肿头龙。

肿头龙

它头上长有突出的圆顶,头骨有25厘米厚。

肿头龙的头骨

哇,我的头也能像它们那样硬就好了!

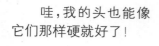

好羡慕!

现在看起来也蛮硬的嘛!

好吧,我来教你让头变硬的特殊训练法吧。

怎么样?学不学啊?

真的吗?

啪

哈哈哈,怎么样?

哇,好厉害啊!

啪啪

这个我也会!

库拉的树桩好像更粗啊!

是不是烂树桩啊?

咳!刚刚只是热身而已,这才是真的。好好学学!

真的可以把这块石头砸碎吗,队长?

让你们看看我比奥的实力!

酷啊!

小事一桩啦!

嗒嗒嗒嗒

咦?

咦,是我喜欢的翼龙!

啾

我来了

嗒嗒嗒嗒嗒

什么,翼龙?

啪

啪

呃呃呃

噜噜噜,叮叮当,叮叮当,铃儿响叮当……

队长有点不正常了。

队长,还好吧?

顶头争斗的恐龙——肿头龙

对于没有特殊武器的植食性动物来说，没有比顶头更好的争斗技术了，比如牛、羊为了争夺交配权而与其他雄性顶头争斗。肿头龙属于植食性恐龙，它的头骨上覆盖着一个巨大而厚重的骨质圆顶，就像骑摩托车的人戴的防撞头盔一样，在和对手交战时能起到保护作用。肿头龙在进行自卫时，会低下头撞向敌人或对手。比如在繁殖期间，雄性肿头龙可能被迫参加顶头争斗，以赢得与雌性肿头龙的交配权。

肿头龙的骨骼化石

恐龙的尾巴有什么功能？

嘻嘻嘻……

噗噜噜

哇，恐龙的血也蛮好喝的嘛！

你、你在干什么呢？

噗呜呜呜~

看见库拉了吗？

嗯？刚才看他往那边走了。

哐哐哐

队长，快逃啊！

你们给我站住！

你是不是又吸血了？

嗒嗒嗒嗒嗒

先逃掉再说吧！

不是一次两次了，真受不了你！

队长，我有个好办法！

听说恐龙是用尾巴来维持平衡的。

像暴龙那样身躯庞大的恐龙，要是没有了强劲的尾巴，就会失去平衡而倒下。

扑腾扑腾

呃呃

干什么啊？

白害怕了！

那就用父皇给的"消灭尾巴符咒"来把它的尾巴弄掉不就行了吗？

刷

啊啊啊，队长！

队、队长，快点！

咣当

好吧！

哇，太棒了！

呀啊啊,把
尾巴变设!

啾
哦

啊啊

砰

咦,这是怎么了?

好了,
成功了!

晃
悠

呃呃呃

呃啊

呀啊啊啊

呃啊

这点小事儿
都做不好吗?

我也没想到
会变成这样啊!

抽泣

都给我
安静点!

啊啊啊

呀啊

恐龙尾巴的功能

鱼在水里靠尾巴的左右摆动,推动身体前进,同时鱼的尾巴还能控制方向。生活在热带地区水里的非洲鳄,见到牛、羚羊、鹿等动物在河边饮水时,便突然将尾巴一摆,挺身蹿出水面,张开大嘴咬住猎物拖下水去,饱餐一顿。陆地上的动物在急速奔跑或突然改变方向时,用尾巴来维持身体的平衡。那么,恐龙的尾巴有什么功能呢?

☠ 维持身体平衡

恐龙尾巴最重要的功能就是维持身体平衡。特别像蜥脚类恐龙,如果没有尾巴就很难维持平衡。

☠ 攻击敌人的武器

对于没有尖锐牙齿或爪子的植食性恐龙来说,尾巴是一种很好的武器。属于蜥脚类的梁龙能以极快的速度挥舞尾巴来保护自己,剑龙把尾巴上锐利的刺当成武器,甲龙则用尾巴上的棒状骨槌来攻击敌人。

通过化石能推断恐龙的肤色吗？

第三题！

错，正确答案应该是2。

下一题，这个非常重要。

没有简单点的吗？都太难了！

通过化石能不能推断恐龙的肤色呢？

这可是刚才学了好几遍的题啊。

……

最近魔界运气不太好，难道要出什么大事儿？

请您注意力集中点，父皇！

恐龙可能也像其他动物一样，拥有各种各样的肤色。虽然有皮肤组织因脱水而偶然保存下来的化石，但由于颜色没有残留下来，所以现在的技术还不能用化石推断出恐龙的肤色。

肤色除了起着保护身体和防御敌人的作用以外，还有自我炫耀和求爱的作用。

儿童教育出版社 恐龙百科

所以说正确答案就是"不能"。

呸，什么嘛！

直接说"不能"不就得了嘛，干吗乱七八糟讲那么多嘛！

唉，真让我失望！

知道理由才好背嘛！

统治魔界的大魔王在魔界智力竞赛中落选的话，多丢人啊！

知、知道了。

干吗生气嘛！

真可惜，魔王大人到目前为止一道题也没答对！那么下面是最后一道题：

魔界智力

什、什么也想不起来。

19　26　00

通过化石能不能推断出恐龙的肤色呢？1.能，2.不能，3.不知道。

呀啊

惊吓

魔界智力竞赛

恐龙的肤色和化石

专家通过化石确认的恐龙已有900多种，可惜的是没有确认恐龙肤色的方法。虽然恐龙的皮肤会形成化石，但随着时间的推移其颜色都消失了。

有利于生存的保护色

军人穿的军装颜色通常都是绿色或迷彩之类的，因为穿着与树林等环境颜色相似的衣服不易被敌人发现。动物为了保护自己或避免被猎物发现，拥有与周围环境相似的肤色，这就叫保护色。恐龙专家推测，恐龙可能也有多种多样的肤色，以保护自己，欺骗敌人。

伪装成树叶的蛙

恐龙的智商是多少?

呀呼

噗哈哈哈
嘻嘻嘻

智商只有60的话,
不影响正常生活吗?

IQ测试结果
60
请多加努力!

喂,让开。让你们看看天才的智商值!

嘻嘻,库拉你也差不多吧!

酷啊!

白痴!

电、电脑出问题了吧?

库拉的智商是70。

嗯?

70
请努力

哈哈哈哈,一群白痴!

智商70是天才的话,那我就是秀才?

怎、怎么可能!

哎哟我的肚子啊!

我竟然带着智商只有 60 和 70 的修行秘书们，还不如带只恐龙呢！

真丢人……

竟然把我们跟恐龙比！

为什么生气啊？恐龙身体那么大，大脑也就大，那智商不是更高吗？

哎，加强学习吧！

小心把你的血吸光！

恐龙的智商可以通过测量身躯和大脑的大小和比例来计算。

不是大脑大智商就高。大脑大小相同的恐龙，体重小的恐龙智商可能更高一些，剑龙体重达 2 吨，但大脑只有 60 克。

智力竞赛

嘻嘻！

是哪道题都不知道！

340

000

剑龙和大象的体重差不多，但剑龙的大脑只有大象的三十分之一。

剑龙

大象

据说身躯庞大的植食性恐龙的智商比小型肉食性恐龙低。

恐龙的智商大概只有蜥蜴或鳄鱼的程度。

那就是说我们连蜥蜴和鳄鱼都不如吗？

哇，出现了新纪录！

呜呼，伟大的队长结果是多少呢？

比奥的智商是——

5······

嗝啊

啊，竟然把电源给拔了！

快点打开电脑，好像听到5什么来着？

喂，喂！电脑就玩到这儿，去庭院玩去吧！

干吗那么认真嘛······

好了。马上就能复原！

以防万一，还是动用最先进的装备吧！

行了，我智商只有50！这下满意了吧？

顽固的家伙······

嘀嘀

嗯嗯，被我逮到了。

嘀嘀

呃啊啊

哔

大脑大小和智力的关系

人们通常会认为大脑越大智商就越高。成年非洲象的大脑是人类大脑的 4 倍,但谁也不会认为大象比人类更聪明。动物的智力与其大脑所占体重的比例有关。在大脑大小相同的两个动物中,体形小的一方的智力可能更发达一些。

恐龙的智商是多少呢?

通过恐龙化石中大脑占体重的比例可以推测出恐龙的智商。研究结果表明,恐龙的大脑占体重的比例与鳄鱼的比例 0.9 差不多。大脑占体重比例最大的恐龙是伤齿龙,为 5.8。相反,庞大的植食性恐龙剑龙的大脑只有乒乓球那么大,其比例只有 0.2。

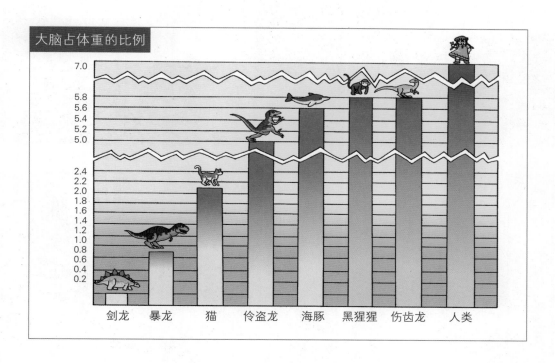

大脑占体重的比例

剑龙　暴龙　猫　伶盗龙　海豚　黑猩猩　伤齿龙　人类

看化石能鉴别恐龙的雌雄吗？

不觉得很漂亮吗？

哪里漂亮啊，就是个骨骼嘛！

是雄性。

一看就是雌性嘛！

那好，我们去问问专家吧。

好吧。

问也是白问。

呃！

就为了问这个，把骨骼拿到这来的吗，王子？

真有才！

是雄性吧，叔叔？

是雌性啦，雌性！

话说回来,光靠骨骼化石能鉴别其雌雄吗?

可以的。

仔细观察鳄鱼尾骨的话,会发现上边长有突起。雌性的突起比雄性少,不仅没有第一个突起,第二个突起也只有其他突起的一半大小。

雌性

第二个突起

雄性

鳄鱼的尾骨

暴龙的骨骼上也有相似的差异,鳄鱼和暴龙都是爬行动物,所以可以说突起少的就是雌性。

哇,您的骨骼真帅!

您的尾骨也很漂亮!

这个骨骼化石的突起数少,可以看出这只恐龙是雌性。

是吧?

看吧,我说得没错吧?我赢了!

哈哈哈

哼!

话说回来,这骨骼化石是哪来的呀?

很难发现的!

83

是队长在恐龙村的后山上挖出来的。您想要就拿去吧!

呜呜,真的吗?

竟然有这种好事儿!没想到能得到这么完好无损的恐龙化石!

而且还是最贵重的暴龙的!

谢谢王子殿下!

好,你输了,别忘了请我吃快餐啊!

偷偷把这个卖到人间的话我就发财啦!

噗

嘿,谁啊?

咳,老板!

我早就猜到是你啦,你这个坏蛋!竟然又来盗掘我妻子的坟!

不、不是那样的,先听我解释嘛!

噗啊啊

旺旺旺

让你也尝尝变成化石的滋味吧!

叔叔,能帮我看看这个化石吗?

快给我拿走!

临时停业

用化石鉴定恐龙性别

鉴别恐龙的性别,需要观察其骨骼。

☠ 分析骨成分

截断暴龙的腿化石进行研究后发现,雌性的骨头里有形成蛋壳时必需的成分——骨髓(骨腔内的膏状物质)层。这个方法不仅要破坏珍贵的恐龙化石,并且只能用即将产卵的雌性恐龙化石进行研究,因此代价很大。

☠ 观察尾骨形态

鳄鱼的尾骨上有个突起,雌性与雄性会有很大的差异。雄性的第一个突起与肌肉连接着,所有的突起大小一致。但雌性没有第一个突起,而且第二个突起只有其他突起的一半大小。这是因为雌性在产卵时需要一些更大空间的缘故。鳄鱼是这样,恐龙也与此相似。

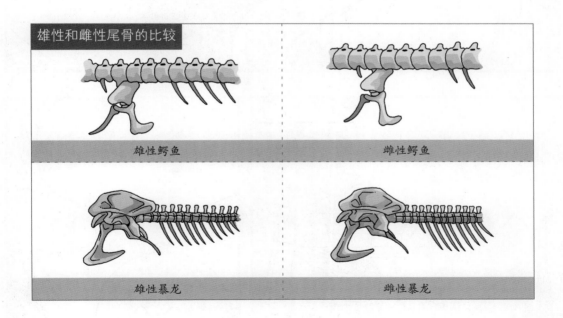

雄性和雌性尾骨的比较

雄性鳄鱼　　　　雌性鳄鱼

雄性暴龙　　　　雌性暴龙

恐龙也换牙吗？

父皇,大事不妙!我的一颗牙掉下来了,还有几颗有点晃动!

呵呵,你这个年龄换牙是很正常的,不用担心!

是、是吗?

我还以为什么大事呢!

但是，比奥——

是，父皇？

进卫生间时就不能敲门吗？没礼貌的家伙，快给我把门关上！

啪

早点说嘛！

嗒嗒嗒嗒

我还能换牙呢，羡慕吧？

呵呵呵，就为了这点小事跑这儿炫耀来了吗？

嗯？

像我们鸭嘴龙一样的植食性恐龙到一定时期，牙齿就一次性都换了。

换那么一颗就来炫耀啊？

像暴龙和迅猛龙一样的肉食性恐龙在啃食时牙齿很容易脱落，所以不固定换牙，脱落后马上长出新牙。

很方便吧？

是、是吗？

听说你们哺乳动物的恒牙*脱落就长不出来了,是吗?

真可怜。

嘻嘻,听说镶假牙还挺麻烦的!

*恒牙:乳牙脱落后长出来的牙。上、下共 32 个。

什么声音?好像是惊叫声……

魔王大人,快去看看王子殿下吧!

好不容易有空悠闲地骑车呢……

什么,比奥那家伙又惹麻烦了吧?

想把鸭嘴龙的牙齿移到自己身上,所以用了您的符咒!

呜呜呜呜……快帮我想想办法啊!

酷啊!

天天惹麻烦都不嫌累吗?

我说过不要随便使用我的符咒,可你……

扑腾扑腾

恐龙也换牙吗

　　人类除臼齿外，所有牙齿的大小和形状都会随下巴形状的变化而改变。人类如此，其他动物也不例外。一般来说，哺乳动物一生只换一次牙，长出来的恒牙脱落后就不再长新牙。相反，爬行动物和鱼类一生则要换好几次牙。鳄鱼在捕捉大型猎物时牙齿容易脱落，它的一生可以长出 3000 颗以上的新牙。

　　科学家推测，恐龙也可能像爬行动物一样换牙。在加拿大曾发现厚度为 10 厘米的某地层全都是鸭嘴龙牙齿化石，据此推测，这是鸭嘴龙在一定时期一次性换掉的所有牙齿。肉食性恐龙的牙齿虽然坚硬有力，但在激烈的捕猎行动、打斗或啃食硬物时很容易脱落。科学家推测其牙齿脱落后，能够很快长出新牙来。

10 厘米

肉食性恐龙——巨齿龙的牙齿

力气和体形最大的恐龙是什么？

噗啊啊!

我是恐龙之王——暴龙!

这家伙是什么东西?

什么?

酷啊!

噗噜噜!

谁这么大胆,敢说比我暴龙还厉害?

干吗这么兴奋啊?

应该是叫地震龙吧?

含义为能引起地震的蜥蜴。

它自称是恐龙中最大、最厉害的!

酷啊,你变形看看。

看上去体长有 50 米,体重超过 100 吨吧?

100 吨?

酷啊!

它脖子很长，腿又短又粗，那长长的尾巴可以用来当武器。

在我看来，如果被那个尾巴打中的话，小命都难保哇！

体、体形大，尾巴厉害又能怎样？我还有强壮的颌和坚硬的牙齿呢！

呀！

噗哈哈，自尊心还真强！

什么？

噗噜噜

好，让它看看我的厉害！现在就出发！

噗噜

酷啊！

发怒了！

不就是个吃草恐龙嘛……

那、那就是地震龙吗？

噗噜

哐

哐

酷啊！

不是，它是肉食性的棘龙。体长12米，体重约6吨。

最大的植食性恐龙

在已知的恐龙中,属蜥脚类的地震龙体形最为庞大,其身长至少有 35 米,甚至可达 50 米。而它的体重可达到令人吃惊的 130 吨。地震龙那巨大的脚掌每一次踩到地面,都会使大地颤抖,就像地震一样,所以称之为地震龙。

最大的肉食性恐龙

肉食性恐龙中最大的是巨兽龙,巨兽龙体重达 8 吨,用两条腿走路。它的头骨长达 1.8 米,硕大的嘴巴里长着锋利的牙齿,每颗牙有 20 厘米长。在巨兽龙生活的时期和地域(阿根廷)还有庞大的植食性恐龙——阿根廷龙,这也部分地说明巨兽龙体形演化得如此庞大的原因。巨兽龙是侏罗纪最著名掠食恐龙异特龙(跃龙)的后裔,不过生活年代较后的巨兽龙体形却比前者大得多。

鸭嘴龙的头冠有什么作用？

我们是头冠三剑客。

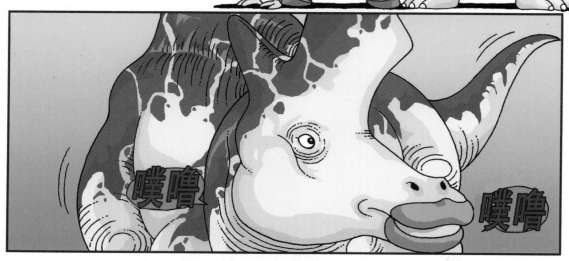

噗噜

噗噜

哇，是恐龙！

嗯？

是什么恐龙啊？头上还长着头冠，那有什么用处呢？

噗噜

啊啊啊

呱

会不会是对抗肉食性恐龙的武器啊？

也可能是呼吸器官吧。

嗯，也有可能。

怎么能够确认呢？

真是群无知的家伙！

哎！

什么？

是班长啊！

在这儿放个屁不就可以知道了嘛！

给我穿上！

哗啦

那是鸭嘴龙科的一种，叫赖氏龙。

这都看不出来吗？

哼！

那你知道它头上的头冠有什么用吧？

哈哈哈哈

当然啦！

那我就发发善心告诉你们吧。

爸爸，您帮我在网上搜索一下鸭嘴龙的头冠……

等我一小下。

在网上搜谁不会啊？

关于鸭嘴龙的头冠，有当武器用、当呼吸器官用等多种假说。但作为武器，其头冠显得有些脆弱；而且头冠上没有孔，用于呼吸的说法也不可靠。

赖氏龙的头骨

头冠

最有说服力的假说就是共鸣腔,起放大声音的作用。

——我爸是这样说的!

满意了吧?

我们自己也可以查!

嘀

队、队长,看看这边!

噗噜

头冠突然开始颤抖了!

咚咚

是吗?

可能它要使用头冠了。靠近点确认一下吧。

这可是个破解真相的好机会!

嗒嗒嗒

咚咚喀喀

哼

呼噜

呼噜

吧嗒

吧嗒嗒

呃啊啊啊,原来是在拉屎呀!

呃呃

哐当当

鸭嘴龙的头冠

　　鸭嘴龙是鸟脚类的一种，它的嘴又扁又宽，类似鸭嘴，因此而得名。大多数鸭嘴龙头部都长有形状特殊的头冠。关于鸭嘴龙头冠的作用，目前有以下几种推测。

☠**打架的武器**：可能用头冠来冲击打斗。但由于头冠是空心的，很脆弱，所以这种推测说服力不大。

☠**呼吸器官**：虽然是空心的，但没有孔，可能有辅助呼吸的作用。

☠**寻找同伴的装饰**：由于头冠非常显眼，可能有助于寻找同伴。

☠**发声器官**：对副栉龙头冠里的空气通道进行研究的结果表明，其特殊结构起着发出声音并产生共鸣，即类似音箱的作用。这个观点是目前比较有说服力的。

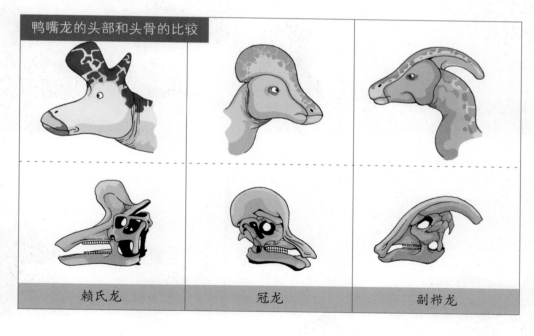

鸭嘴龙的头部和头骨的比较

| 赖氏龙 | 冠龙 | 副栉龙 |

异特龙和暴龙谁更厉害？

异特龙算老几啊！

噗噜

从大小或体形来看，异特龙根本就不是我的对手！

什、什么？你这家伙！

噗噜噜

呃呃呃稍等！

呃呃呃，稍等！

噗呜呜呜

不是我说的，而是暴龙这样说的！

暴龙？

我只是传个口信罢了……

什么？说我光脑袋大，动作慢得连……

连狩猎都不能，所以只能吃烂掉的尸体——异特龙这样说的！

发怒

暴龙我马上过去教训教训他！

带我过去！

哇，看看它那惊人的大牙齿！

哐哐

嘻嘻嘻，做得很好！

这下能看到精彩又刺激的决斗了！

反正闭着也是闭着。

我说队长，异特龙和暴龙真的打起来的话，哪个会赢呢？

差点吓死我。

嗯？异特龙和暴龙各是侏罗纪和白垩纪最具代表性的恐龙。

异特龙用适合切肉的牙齿和长有3根利爪的前掌来捕食。

暴龙则利用坚硬的头和强力的颌来啃食。因为暴龙体形比异特龙大，所以暴龙更占一些优势。

《恐龙百科》上写的。

竟然敢跟我争！

15米

12米

7吨

2吨

直接把书拿来给我们看吧。

异特龙 VS 暴龙

异特龙和暴龙分别是侏罗纪和白垩纪最具代表性的大型食肉恐龙。它们都长有强壮的后肢、又短又结实的颈项和有利于维持平衡的强劲的尾巴。异特龙那3根25厘米长的锋利趾爪是它捕食的利器,而暴龙则用又大又硬的头和强劲的颌来对付猎物。相对于可以一下撕碎200千克重的猎物的颌,暴龙短小得令人发笑的前肢在搏斗时起不到一点作用。

	异特龙	暴龙
英文名称含义	奇特的蜥蜴	残暴的蜥蜴
生活的时期	侏罗纪后期	白垩纪后期
体长	9~12米	12~15米
体重	约2吨	约7吨
特征	眼睛上边的小角	又大又硬的头
主要武器	锋利的趾爪	强劲的颌和尖利的牙齿

暴龙选手用强劲的顶头技术重击异特龙选手的脸!

啊!

呃啊!

但是异特龙选手反给暴龙选手的腹部一击!

植食性恐龙为什么吃石头？

嗯,这石头真好吃呀! ♡

哗啦 哗啦啦

咕噜

真稀奇!

周围有这么多食物,为什么要吃石头呢?

植食性恐龙都吃植物。你是石食性恐龙吗?

我们植食性恐龙大多数都没有脸颊，所以不能咀嚼太长时间，否则食物都会从嘴边掉出去。

与你们有脸颊的不一样。

咕吱，咕吱

牙齿的结构也不便于咀嚼，只好将食物吞下去。石头被吞到胃里，随着胃的蠕动帮助磨碎食物，促进消化。

胃石

植食性恐龙的胃

这些石头叫胃石，从最大的植食性恐龙地震龙的胃里，发现过多达230块胃石。

哇，这些都是从我胃里出来的吗？

地震龙

光吃石头都能饱了！

啊，那我也可以！

嘻嘻，这下不用麻烦地咀嚼食物了！

哈哈！♪

嗒嗒嗒

那家伙怎么了？

什、什么？百宝箱被盗了？

鸟类的消化器官——砂囊

如果仔细观察,我们会发现鸟在吃食物时常常连沙子或小石子一起吞下。这是因为鸟类没有牙齿,不能像人那样咀嚼食物,只能把食物吞下后利用体内砂囊里的沙粒来磨碎食物,帮助消化。

鸡的消化器官

植食性恐龙为什么吃石头

人们曾经同时发掘出植食性恐龙的骨骼化石和光滑的石头,据此推测植食性恐龙用与鸟类相似的方式来消化食物,因此它们才会吞些石头,以便磨碎食物。经过一段时间后,其体内用于磨碎食物的石头会变得光滑,帮助消化的能力下降,因此它们会把光滑的石头吐出来,再吞下新的粗糙的石头。

为植食性恐龙磨碎食物的胃石

暴龙是清洁工还是猎手？

太棒

这下满意了吧？

那、那些家伙是谁呀？

是清洁工。

咳！

是个出众的猎手。这孩子怎么这么倔强啊！

就是清洁工嘛！

你没看过电影吗？不管是人还是恐龙，只要看到就会被它吃掉，如果它只是个吃尸体的清洁工，怎么会有那种电影呢？

那只是电影而已！

不相信呢。

暴龙体长15米，体重达7吨，这么大的身体怎么可能跑得那么快呀？

106

所以有人推测暴龙不狩猎而吃尸体或抢其他恐龙的食物吃。

这个归我，你们再去捉你们的！

快点！

呸，真赖皮！

哼，那巨大的后肢、肌肉发达的尾巴、便于追赶猎物的双眼视觉、高达 1.5 吨的颌骨咬合力和又粗又短的颈又有啥用处啊？

那、那个……

暴龙的身体特别适合捕食。它的步幅达 4 米，应该是以每小时 20 千米的速度奔袭猎物。

又短又粗的颈

双眼视觉

高达 1.5 吨的咬合力

巨大的后肢

肌肉发达的尾巴

这回承认暴龙是猎手了吧？

好。那就直接去找暴龙做个试验吧！

比奥，这样是不是太冒险了呢？

没关系。只会抢其他恐龙食物的恐龙或吃尸体的清洁工怎么可能来追呢！

嘻，胆子还真小！

那只是你的想法。再说，你自己做试验，干吗把我也扯进来啊？

残暴的猎手——暴龙

暴龙又名霸王龙,是拥有庞大的身躯、巨大的头和尖锐的牙齿的大型肉食性恐龙。它那短而灵活的颈项和强有力的颌非常适合撕咬猎物;其眼睛像人类一样朝向正面,因而能准确地感知与猎物的距离;它的嗅觉也相当好,所有这些特点使它成为最凶猛的肉食性恐龙之一。

迟钝的清洁工——暴龙

也有一种观点认为,体重约为 7 吨的暴龙,其 80% 以上的体重都要由后腿来支撑,追逐猎物似乎有点不切实际。而且,暴龙如果以时速 20 千米的速度奔跑而意外摔倒的话,骨头很可能因禁不住自己的体重而断裂。所以暴龙可能属于以动物尸体为食的食腐恐龙。

暴龙的骨骼化石

植食性恐龙是怎样自卫的？

噗噜噜噜

那家伙又是谁啊？
肉食性恐龙吗？

噗噜噜噜

是叫埃德蒙顿龙的植食性恐龙。

嗯？原来是只吃草的恐龙啊！

那我就不怕了。

虽然是植食性恐龙，但也是个危险的家伙！

噗哈哈哈，这些吃草的动物我还是可以对付的！

把我看成什么了？

咳！

噗噜噜噜

咻咻

呜哇哇，队长！

哎?

啪

啊

啊

噗噜

咻咻

噗噜

哐当当

沙沙沙

啪啪

我不是让你小心点吗？

住嘴！竟然自己跑掉！

什么植食性恐龙，怎么这么厉害？

命差点没了！

植食性恐龙也有自己的防御手段呢。

　　像三角龙一样的角龙类用角，像甲龙、埃德蒙顿龙这样的甲龙类用其盔甲般的皮肤或尾巴上的骨槌来防御。

三角龙

甲龙

　　像剑龙这样的剑龙类以尾巴上的尖刺为武器，蜥脚类虽然没有特殊的武器，但其庞大的躯体本身就是一个威慑因素。

什么？

剑龙

迷惑龙

我没说什么啊！

植食性恐龙的自我防御

☠ 巨大的身躯和尾巴

地震龙用其巨大的身躯和强劲的尾巴来震慑敌人。

☠ 锋利的爪子

禽龙以锋利的爪子当武器。

☠ 具有威胁性的角

三角龙用90厘米长的角来防御。

☠ 快速奔跑

似鸟龙在肉食性恐龙接近时快速地逃跑。

恐龙可以克隆吗？

真、真的可以吗？

我要复制很多只自己，组成一支足球队。

开始复制♪

我要组一支棒球队。

魔界的地下监狱

哈哈哈，终于完成了！

只要按一下这个按钮，经过 15 年的努力完成的第一只克隆恐龙就会在这狭窄的监狱中诞生了！

呵呵呵……

你在这儿做什么呢？

我一定要报复把我关在这里的家伙们！

唰啦

克隆恐龙的可行性

如果能像电影中虚构的那样,把远在 6500 万年前就已灭绝的恐龙克隆出来,那可是再好不过的事了。但学者们认为,这是不现实的。因为,克隆恐龙需要恐龙的遗传因子,即 DNA,而 DNA 经过如此漫长的岁月,早已损坏;就算能获得完好的 DNA,以现在的技术水平也很难造出新的生命体来。

DNA 是什么

DNA 是一种分子结构复杂的有机化含物,存在于生物的细胞核、线粒体等里面,可组成遗传指令,以引导生物发育与生命机能运作,主要功能是长期性的信息储存。人的身体由 60 兆~100 兆个细胞(组成生物的基本单位)组成。各细胞中都有核,核中又有染色体。染色体在传承基因和决定性别等生命现象中起着决定性的作用,而组成这些染色体的基本物质就是 DNA。

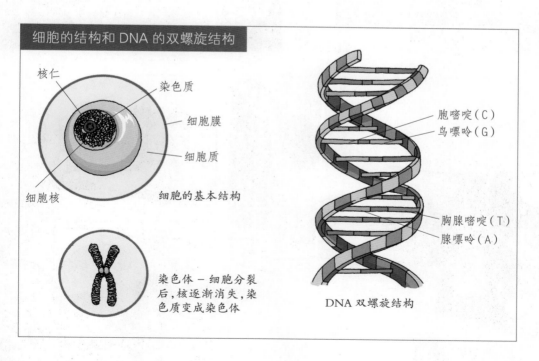

细胞的结构和 DNA 的双螺旋结构

核仁
染色质
细胞膜
细胞质
细胞核
细胞的基本结构

染色体－细胞分裂后,核逐渐消失,染色质变成染色体

胞嘧啶(C)
鸟嘌呤(G)
胸腺嘧啶(T)
腺嘌呤(A)

DNA 双螺旋结构

跑得最快的恐龙是什么？

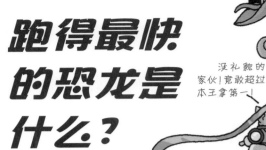

没礼貌的家伙！竟敢超过本王拿第一！

招募志愿者！非常急，非常急！

招募可载我一程的**速度快的恐龙**

怎么了，队长？出什么事了吗？

有非常急的事情。你们也帮我找找。

速度快的恐龙

嗒嗒嗒嗒

地震龙怎么样？体形大，一步顶100步，跑得很快吧？

不行。

体形庞大的蜥脚类恐龙没有小型恐龙跑得快，你连这都不知道吗？

咦？

噗噜 噗噜

啪 啪

那是什么恐龙？看起来跑得很快。

你算是找对了。

那是似鸟龙，在恐龙中是跑得最快的。

是吗？

综合腿长、体重和步幅等资料就能推测出来。

似鸟龙

体长：3.5 米
特点：2 足步行
生活时期：白垩纪后期

相对于其矮小的身体，似鸟龙的腿很长，腿部肌肉很发达，整个身体与其颈和尾巴构成完美的比例，所以每小时可跑 50 千米以上。与其同类的似鸡龙和似鸵龙速度也很快。

暴龙　双峰龙　副栉龙

似鸟龙

好吧，那我就让它帮帮忙吧。

急事儿？

嗯，你要是能帮我，我一定不会忘了你的恩惠！

实在是太急了。

嗯，好吧。看在大魔王的分上！

哇，真善良啊！

没有比我还快的恐龙了，包在我身上吧！

谢谢

出发！

抓紧点！

嗒嗒 嗒 嗒嗒

哇，真的好快呀！

长相和跑步的样子有点像鸵鸟。

哆哆

呼啦啦 嗦嗦

这、这……

争分夺秒的急事原来就是上厕所这个破事儿呀！

怎么是破事儿呢！哪还有比这还急的事儿啊？

呼啦 呼啦啦

总不能在路边解决吧！

敏捷的似鸟龙

一般来说,跑得快的动物其小腿相对于身躯要长一些,步幅也大一些。因此,综合骨骼形状、体重和步幅等资料就可以推测出各种恐龙奔跑的速度。根据数据分析,跑得最快的恐龙是杂食性的似鸟龙。似鸟龙体长为 3.5 米,体重为 1.7 吨,其奔跑速度每小时达 50 千米,肉食性恐龙想抓住它可没那么容易。

行动笨拙的腕龙

行动最迟缓的恐龙之一是以腕龙为首的又高又胖的蜥脚类恐龙。它们的身体过重,每走一步都需要非常大的力气,所以不能奔跑,只能慢慢地行走。

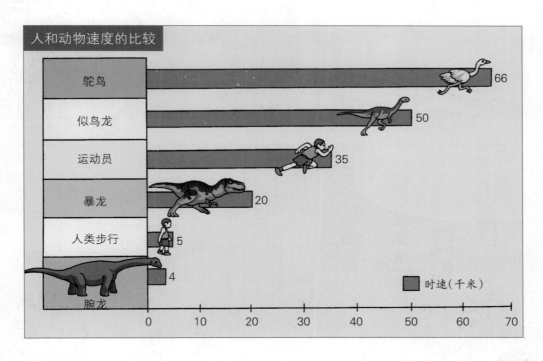

人和动物速度的比较

	时速(千米)
鸵鸟	66
似鸟龙	50
运动员	35
暴龙	20
人类步行	5
腕龙	4

0 10 20 30 40 50 60 70

恐龙的寿命有多长？

这是什么啊？

题目为《生命体的体形和寿命的关系》的论文。

哇，都写论文啦？

看起来好有学问哪！

是我抽空调查研究后写的论文，等仔细修改后还要发表呢！

比奥，你真的好帅啊！

我连乘法口诀都没背完呢，你都开始写论文了！

让我看看：体形小的恐龙寿命短，体形大的恐龙寿命长。就这些！

就写了这些吗？

好简单的论文啊！

举例来说，只有 0.6 米长的美颌龙这种小型恐龙应该只能活个几年而已。

已经 3 岁了，该是离开的时候了！

可怜吧？

咚咚嗦嗦

美颌龙

咳，真理往往是简单的！虽然短，但为了得出这个结论，可是经过多次的调查和统计的！

是、是吗？

哪有那么简单！

相反，体形大的恐龙的寿命都长。特别是将近 80 吨的腕龙，寿命长达 110 年以上。

腕龙

看到老人都不打招呼吗？

什么？不就是个 3 岁小孩嘛！

那暴龙也一定活得很久了？

体形那么大应该能活个七八十年吧。

没错！

谁说的？

我的平均寿命才 30 年左右。对了，你们知道耶稣、莫扎特、舒伯特和我的相同点吗？

怎、怎么可能！

包夸！

恐龙的寿命

　　自然界中体形大的动物一般都比体形小的动物活得久。因此，可以通过比较现今的动物和恐龙的大小来推测恐龙的寿命。假设体重6吨的大象可活到60岁的话，那么腕龙大概就能活114岁。科学家发现，少数恐龙的骨头上存在像树木年轮一样的纹路，这种纹路可用来推测恐龙的寿命。

暴龙是个贪吃的短命鬼

　　成年的暴龙体重达7吨，以此推断它至少能活70~80年，但研究其化石的结果发现，暴龙的寿命在30年左右。一些学者认为，这是暴龙暴饮暴食的结果。

　　暴龙在生长期拼命进食，身体急速生长，体重平均每天增长2千克以上。因此，贪吃和超速成长导致了暴龙寿命的缩短。

恐龙是恒温动物还是冷血动物？

你喜欢冷面还是煮面？

这、这个比喻是？

是恒温动物。

又开始了！

恐龙和爬行动物都是冷血动物。

不是，是恒温动物！

跟我争？

呼，真固执！

肉食性恐龙捕猎时，需要奔跑和跳跃，如果是冷血动物的话，就不可能这么灵活！

才不是呢！

而且要将10吨重的恐龙的体温提高1℃，需要持续晒太阳86小时之久，这也是不切实际的。所以恐龙肯定是恒温动物！

150吨重的我到底要晒多长时间的太阳啊？

150吨

地震龙

哼，如果是恒温动物，就需要吃很多食物。例如，庞大的蜥脚类恐龙是恒温动物的话，一天则需要吃20吨食物才能维持体温，但对牙齿较弱的蜥脚类来说，是不可能的事。

大型恐龙即使周围温度变化也可以维持体温，所以肯定是冷血动物。

想要成为恒温动物，每天都要吃这么多？

20吨

我的牙有点……

给我站住！

哈哈哈……

酷啊

队长！

问比奥吧！

酷啊

嗯，是冷血动物还是恒温动物？

队长也不知道吗？

不知道。但有可以知道的方法。

是吗？

太好了！

甲龙

噗噜

噗噜

你是说让我去吸那家伙的血，看看是冷的还是温的吗？

怎么样，简单吧？

恒温动物和冷血动物的差异

　　动物的体温太高或太低都会影响其正常生活，所以动物都有各自维持体温的生理机制，根据其方式的不同，可分为自动调节体温的恒温动物和随环境温度变化而变化的变温动物，俗称冷血动物。冷血动物的血听起来好像是凉的，但只是它们没有调节体温的机能而已，而不是其体内流着冰冷的血。

　　恐龙到底属于恒温动物还是冷血动物，至今学界仍有争议。

☠恐龙是冷血动物吗

　　冷血动物的运动能力比较低，所以肉食性恐龙不可能像那样快速追逐猎物，而且，要将 10 吨重的恐龙的体温提高 1℃，需要持续晒太阳 86 小时之久，这有点不切实际。

☠恐龙是恒温动物吗

　　假如庞大的蜥脚类恐龙是恒温动物的话，一天需要吃 20 吨的食物才能维持体温，对牙齿较弱的蜥脚类恐龙来说，这是不可能的事。而且大多数恐龙体形较大，体温一旦上升，就不容易降下来。

恐龙的视力怎么样?

上,下,左……
我一定能行!

啊啊!

全错了!

需要加强警卫。

这个仓库里都是
以备急需的粮食,所以
非常重要!

是的。

父皇,警卫采用
恐龙怎么样?

恐龙?

好吧,那就让恐龙
来看管这里吧。但恐龙
的视力怎么样啊?

想当警
卫,视力很重
要呢!

是个好想法,王
子殿下。恐龙一定能胜
任这个工作!

你也同意吗?

恐龙的视觉分为单眼视觉和双眼视觉。

单眼视觉？
双眼视觉？

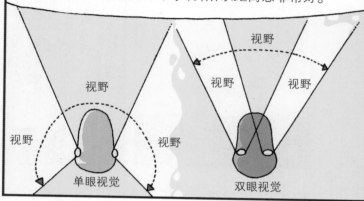

单眼视觉的眼睛长在两侧，可以看到两侧甚至身体后方的更多的事物，视野开阔；双眼视觉的眼睛长在前方，两眼看同一个事物，所以距离感非常好。

视野

视野

视野

视野

视野

单眼视觉

双眼视觉

植食性恐龙大多数都是单眼视觉，一边吃草一边注意周围的动静；肉食性恐龙则拥有有利于快速追赶猎物的双眼视觉。恐龙的眼睛相对于其体形来说显得较大，所以看物体的神经也比较发达，与鸟类视力不相上下。

嗯,藏在哪儿呢？

数完一二三就扑上去！

呜,那么是选单眼视觉的植食性恐龙呢,还是选双眼视觉的肉食性恐龙呢？

这个嘛——

注重防范的话,就选植食性恐龙好一些;如果考虑击退入侵者的话,就选肉食性恐龙……

父皇。

还是选暴龙那样的肉食性恐龙好一些,这样才能震慑小偷！

嗯……

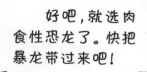

好吧,就选肉食性恐龙了。快把暴龙带过来吧！

遵命,魔王大人！

单眼视觉和双眼视觉

恐龙的视觉与其他动物的一样,可分为单眼视觉和双眼视觉。单眼视觉如鱼类,虽然拥有两侧的宽广视野,但其判断距离的能力较低。相反,双眼视觉则像人类一样朝着前方,两眼会同时看一个物体。虽然视野小一些,但可以正确地判断距离,更清楚、更仔细地观察事物。

☠ **具有单眼视觉的恐龙**:植食性恐龙需要随时警惕肉食性恐龙的进攻,所以,与把视野集中在一点相比,具有更宽广的视野更重要。

☠ **具有双眼视觉的恐龙**:对捕食猎物的肉食性恐龙来说,追赶猎物更重要,而且,要当场抓住猎物就需要正确地判断距离。

用模仿鱼眼结构的鱼眼镜头拍摄的景象

恐龙的体重是怎样测得的？

嘷！

出、出毛病了吗？

魔王大人的头重——无法测量！

啊啊

看磅秤，你超重了！

你真的是小学生吗？

怎么办啊？难道就没有测量犀牛体重的办法了吗？

包在我身上！

光凭恐龙骨骼化石就能测量其体重，所以测量犀牛的体重是易如反掌的事！

根据恐龙的骨骼来测量其体重？

首先以挖掘出的恐龙的骨骼化石为标准，做出只有实际大小百分之一的恐龙模型。

把恐龙的模型放进装满水的水桶中，就会溢出与恐龙体积大小相等的水量。这些水的体积就是恐龙模型的体积。

恐龙模型

水桶

溢出的水

测量蜥蜴或鳄鱼的体积和体重，用体重除以其体积就可以得出密度。这个密度再乘上恐龙模型的体积就是其体重，再乘上 1000000 就能得出恐龙实际的体重。

鳄鱼

体重÷体积
=鳄鱼的密度

太复杂了！

鳄鱼的密度×恐龙模型的体积
= 恐龙模型的体重
×1000000= 恐龙的实际体重

回家看看！

嗯

说实话，根本就没听明白！

什么，可以准确地测量我头的重量？

没错！

这太好了。我也一直想测测看呢。

首先把父皇的头放进这个水桶里就行。

嗯，把我的头放进水桶中？

对，只有父皇把头放进水桶里才能利用溢出来的水量测量体积，并得出其重量。

大胆把头埋进去吧！

感觉怪怪的，但值得一试！

小心翼翼

有点紧张呢。

呃!

晃悠

咔嚓

扑通

啊啊啊

唰啦啦

啊啊啊啊

糟糕!

身体支撑不住头的重量,失去平衡而掉进去了!

啊,父皇!

扑腾扑腾

快、快拔出来吧。这样下去会没命的!

头被卡住了,怎么也拔不出来!

呼呼呼

哐当哐当

啊,轻点!轻点啊——

比奥,给我站住!

啊啊啊

嗒嗒嗒

测量恐龙的体重

❶测量鳄鱼的体积

把鳄鱼放进水族馆的水池中，从水池漫出来的水量就是鳄鱼的体积。

❷比较鳄鱼和水的重量

比较鳄鱼的体重和从水池漫出来的水的重量。鳄鱼重量是水重量的十分之九，即鳄鱼和水的体积一样的情况下，在水的重量上乘 0.9 就是鳄鱼的体重。

❸测量恐龙模型的体积

制作缩小到百分之一的恐龙模型后，按①的方法获取同体积的水并进行测量。

❹恐龙的体重

恐龙的身体与鳄鱼有点相似，所以水的重量乘上 0.9 就能得出缩小到百分之一的恐龙的体重。

在这个基础上乘上 100 的 3 次方即 1000000，就获得了恐龙的实际体重。

什么恐龙的趾头可以旋转180度?

想成为大魔王的话——

嘘——

偶尔这样视察民情是必要的。

为什么要蒙面呢?

让我看一下.

当然是为了挡住脸啦,不能让人认出是大魔王!

怕人们拥上来与我握手.

咦,又出来啦?

魔界除了父皇,谁还有这么大的头啊?

您好,魔王大人!

酷啊!

都能认出来吧!

奇、奇怪了,怎么会这样……

您好!

真够烦的!

咦？

你们这群家伙

嗒嗒 嗒嗒

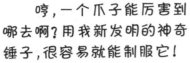

哼，一个爪子能厉害到哪去啊？用我新发明的神奇锤子，很容易就能制服它！

咦，那、那个是？

唰

让你尝尝我的厉害！

呃

呀啊啊啊

完、完了吗？

啪

哐当

啊，那是我在玩具店买的玩具锤子呀！

啊啊啊啊

噗呜呜

咦？出去视察，竟然把新发明的神奇锤子落在这儿了！

咻咻咻

嗒嗒嗒

敢吓唬我们，胆子不小啊！

集体捕食的肉食性恐龙

小型肉食性恐龙的食量不大,杀伤力也有限,所以在捕食大型植食性恐龙时,多只恐龙互相配合,攻击效果更好。像这样集体捕食的恐龙有恐爪龙、伶盗龙等。它们聪明机智,分工明确,配合默契,一如今天的狼群。

科学家曾发现大型植食性恐龙和三四只恐爪龙在一起的化石。

恐爪龙	
名称含义	恐怖的爪子
生活时期	白垩纪前期
体　长	2.5~4 米
主要武器	后肢镰刀般的爪子

伶盗龙	
名称含义	敏捷的盗贼
生活时期	白垩纪后期
体　长	1.5~3 米
主要武器	四肢上锋利的爪子

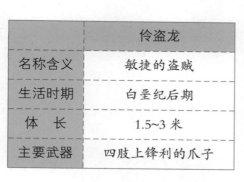

始祖鸟的祖先是恐龙吗？

都准备好了吗？

是的，大哥。

噗噜噜噜

噗呜呜

啪

啪

扑腾

腾

噗噜

噗呜

啪啪

啪

它又是什么东西啊？

又打起来了！

那家伙是始祖鸟，总找恐龙的麻烦。

始祖鸟？

你们这些家伙，快给我住手！

发怒

始祖鸟总说我寒酸，所以……

唉！

哼，你本来就够寒酸的嘛！

随便说说，干吗那么当真啊！

哼！

你比它大，就忍着点嘛！

干吗就说我呢？

只会在地上走的寒酸的家伙，一点都不懂得尊重在天上飞的贵族，真是天壤之别啊！

噗噜

猛地

什么？你今天死定了！

啊啊

呃！

给我站住！

扑腾扑腾

不是说要忍着吗？

喂，恐龙可以说是你们始祖鸟的祖先呢！

祖先？

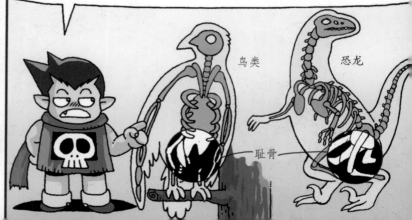

鸟跟恐龙有很多相同点。鸟进化的第一阶段就是用两脚行走，肉食性恐龙已经可以两脚行走了，而且作为鸟类最大特征的耻骨，在伶盗龙和恐爪龙等恐龙身上也有。

鸟类

恐龙

耻骨

始祖鸟不仅有作为恐龙特征的尾骨和牙齿，而且其翅膀上的3个趾也可能是从恐龙前肢进化而来的。

趾头

牙齿

尾骨

这、这么说恐龙可能就是我们的祖先啰！

可以这么说！

哎呀，祖先，是我太没礼貌了！

看在你道歉的分上，就原谅你一次，下回给我注意点！

第二天

噗呜呜
啪
啪啪 噗噜

噗噜噜噜

始祖鸟好像又说它寒酸了。昨天都反省了，怎么没记性啊？

鸟类记忆力本来就差。

你这寒酸的恐龙，竟敢跟我对抗！

噗呜呜呜

不愧是鸟啊！

今天换成恐爪龙了。

快给我住手！

恐龙和鸟的相同点

　　鸟的重要特征之一是用两脚行走。除人以外，可以两脚直立行走的只有鸟和恐龙。鸟类的最大特征——耻骨，在恐龙身上也有。

始祖鸟的祖先是恐龙吗

　　人们在侏罗纪后期形成的石灰岩中发现了始祖鸟的化石。这个始祖鸟的化石可以证明，始祖鸟就是由恐龙进化而来的。始祖鸟不仅长有恐龙也具有的尾骨和牙齿，其翅膀的三个趾也类似于恐龙的前肢。

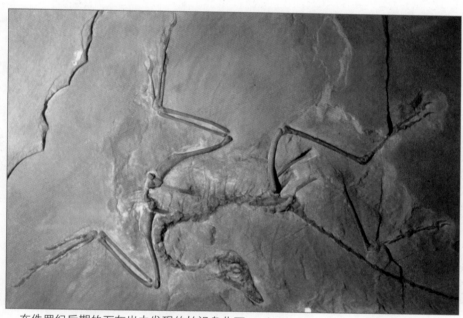

在侏罗纪后期的石灰岩中发现的始祖鸟化石

翼龙是怎样飞行的？

哈，飞起来啦！

哇，好帅啊！

我也想飞。

啊啊啊

哇啊啊！

咦？

咔嚓

啊啊啊啊

呃啊

扑通

我早说过不能用鸟的翅膀。还是用翼龙的吧！

翼龙是依靠连接前肢和身体的薄薄的翼膜飞行的。

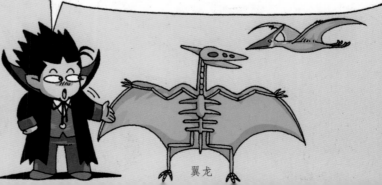

由于其身体构造不适合长有翅肌，所以有学者推测，翼龙不能自由地飞行，而只能利用上升气流来滑翔。最近的研究发现，翼龙非常敏捷，从而出现翼龙可能比鸟类飞得更快的观点。

翼龙

会飞的爬行动物——翼龙

翼龙是生活在中生代的能够在天上飞的爬行动物。根据在天上飞这一点，人们可能认为翼龙就是鸟的祖先，事实上它们是完全不同的种类。因为鸟类的翅膀是由前肢进化而来的，翼龙的翅膀则是由连接身体侧面和前肢的薄薄的翼膜构成的。学者们把翼龙分为喙嘴龙与翼指龙两个大类。

☠喙嘴龙

喙嘴龙是比较原始的一种翼龙，生活在三叠纪和侏罗纪时期，尾巴长，颈较短，而且还长有小小的掌骨。

喙嘴龙

☠翼指龙

翼指龙是进化后的翼龙。其掌骨更长一些，随着飞行能力的增强，其颈变长，而尾巴变短了。翼指龙中最大的风神翼龙翼展至少有 12 米。

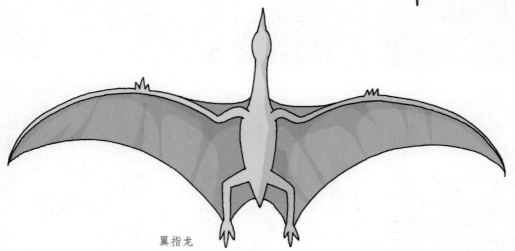

翼指龙

恐龙蛋有多大？

酷啊！

咦，蛋突然消失了？

是的，魔王大人！

它刚离开，蛋就消失了。

哎呀！

哎……

好吧，看你也挺可怜的，就帮帮你吧！

这是破例。

真……真的吗？

翻来翻去

给你。这可是比你丢掉的蛋更珍贵的麦饭石鸡蛋！

咣当

丢掉的蛋不是吃的鸡蛋，而是暴龙蛋，是恐龙蛋啊！

是吗？

干吗生这么大的气啊？

噗噜

噗噜

恐龙蛋有什么特别的吗？

当然特别了。再说这是煮熟的蛋！

再怎么无知也不至于……

恐龙蛋有像网球那么大的，也有直径达 45 厘米的。相对于恐龙的体形来说是有点小，但由于蛋壳较厚，所以不能过大。

叽

叽

如果蛋太大的话，厚度也应该变厚，这样不仅会使幼仔缺氧，而且会阻碍其破壳而出。

嗯，蛋一定会在偷蛋者身上，只要把那家伙召唤过来就行了。

是个明智的选择。

咻

咻

呀啊啊啊

碎

恐龙蛋的大小

到目前为止发现的恐龙蛋中，最大的直径有 45 厘米。身高约 2.4 米的鸵鸟下的蛋直径有 15 厘米，而庞大的恐龙下的蛋相对于其庞大的体形来说的确有点儿小。像蜥脚类那么庞大的体形，其恐龙蛋的直径，怎么说也得有 1 米左右才算正常吧。不过，恐龙蛋相对于其体形偏小也有其理由，蛋越大其壳也就越厚，幼仔就会呼吸困难，而且会阻碍其破壳而出。

恐龙蛋里的幼仔是怎样呼吸的

凡是卵生动物，其未出壳的幼仔都是通过壳上微小的孔来呼吸的。恐龙也不例外，恐龙蛋表面的微孔比鸟蛋的要多 8~16 倍。微孔多有利于呼吸，但同时也有失去水分的危险。所以，恐龙会在蛋上盖些沙子，以减少水分的散失。因为恐龙蛋的微孔分布在蛋壳表面凹凸不平的沟缝中，所以盖上沙子也不会被堵上。

鸭嘴龙蛋化石

暴龙的小前肢有什么用途？

我、我明明出拳了啊……

一想到能蹦极，就很激动！

我也一直很想蹦极呢！

别打扰它用餐，从旁边绕着走吧。

嗯，遵命！

是暴龙，魔王大人！

噗哈哈哈，胳膊也太短了吧，父皇！

什、什么？

噗噜噜噜

咯吱吱

轰隆隆

我、我的胳膊怎么了？竟然敢取笑父皇！

啊啊

不是啊！

不是说父皇，我在说暴龙的胳膊呢。

是、是吗？

嗯，是我太敏感了！

暴龙的前肢虽然很短，但有很多用途呢。

暴龙的前肢由可以支撑200千克物体的肌肉组成。

能支撑200千克？！

在与敌人近距离争斗时，前肢还可以用来抓伤敌人，趴着睡觉起来时也可以利用前肢撑地站起来。

一百万零二十一
一百万零二十二……

噗嗤嗤

哈，睡得真香！

暴龙前肢的功能

暴龙最高有 15 米，头部也有 1.35 米，但前肢只有 90 厘米。这种比例若出现在人身上的话，就是高 1.8 米的人的胳膊只有 11 厘米长，非常不协调。然而，暴龙这对短小的前肢竟能够抬动 200 千克的物体，而且可以用来击打近身的敌人。

暴龙的前肢为什么短小

恐龙学家一般都用暴龙那特殊的捕猎方式，来解释暴龙的前肢为什么短小这个疑问。暴龙在制伏猎物之前，总是先用牙齿啃咬，所以头就变得越来越强健。相反，很少使用的前肢就变得越来越小。此外，为了维持上身和下身的平衡，头若变重的话，前肢就只好变轻了。

暴龙用强有力的颌捕食

谁是中生代海洋爬行动物中的霸主?

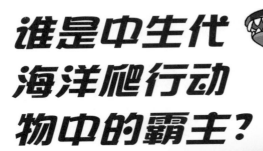

啊啦啦

那是什么啊？

是蛇颈龙！

扑通

蛇颈龙？有叫蛇颈龙的鱼吗？

它不是鱼，是中生代生活在海里的爬行动物！

怎么可能有那么大的鱼嘛！

海里有丰富的食物，又不用像在陆地上一样走路，可以减少能量消耗，是个便于生活的环境。

竟然说是鱼类！

海洋爬行动物不是恐龙。最常见的海洋爬行动物就是蛇颈龙，可分为长颈型蛇颈龙和短颈型蛇颈龙。

长颈型蛇颈龙　　短颈型蛇颈龙

特别是长颈型蛇颈龙那奇特的外形，一直是学者感兴趣的对象。其中最有名的是薄片龙，其英文名称含义为"瘦小的披甲蜥蜴"，体长为 14 米,颈长达 7 米。

中生代海洋爬行动物

中生代的海洋里生活着一些爬行动物。乍一想,海水盐分大,又不便于呼吸,海洋应该不适合爬行动物生存吧。然而,事实并非如此。海洋里有丰富的食物,水的浮力还可以减少能量的消耗,所以当时的海洋爬行动物如鱼龙、蛇颈龙等生活得逍遥自在,种群兴旺。

☠鱼龙

鱼龙是最能适应海洋生活的爬行动物,它的外形与海豚相似,细长的吻上长满了锥状牙齿,腿则进化成了鳍状。它的眼睛上还长有骨头,可随着水的深浅来改变瞳孔的形状。

鱼龙

☠蛇颈龙

根据颈部的长短,蛇颈龙可分为长颈蛇颈龙和短颈蛇颈龙。蛇颈龙用像鱼鳍一样的四肢来游泳。最有名的蛇颈龙有薄片龙和长头龙。

薄片龙   长头龙

谁是史前最厉害的淡水爬行动物?

有什么可害怕的,不过是条比我的关还小的鱼!

王、王子殿下,要活命就快点划吧!

呀啊

咻咻

哼,这还不简单!

小事一桩。

没那么简单吧!

呃啊

没准备好就扔,怎么行呢?

是父皇没抓好嘛!

您还好吧?

呀啊

啊啊啊啊

扑腾

扑腾

魔、魔王大人!

父皇的缺点果然是胳膊太短!

它是最大的一种远古鳄鱼，叫恐鳄。其名称含义为"恐怖的鳄"。

古代鳄鱼？

依据超过2米的恐鳄头骨化石可以推断，它的体长约16米，体重约8吨。动物界体形就是力量，所以就算是残暴的暴龙也未必能轻易打败恐鳄。

由于恐鳄的骨骼和暴龙的头骨曾经一道被发现,学者就推测可能是恐鳄吃掉了暴龙。

这家伙这么厉害啊!

咦,这家伙是什么东西啊?

把我的回飞镖交出来!

比奥,快回来,太危险啦!

那我也要找回我的回飞镖!

好不容易做的呢!

喂,比奥!

不给我,是吧?

刷啦

咕噜噜噜

咦?

发射比奥之最强武器!

是个惊人的武器。

啊啊啊啊!这、这又是什么啊?

刷啦

咕噜

咕噜

快、快把回飞镖给他吧!

啊啊啊啊啊啊

咚咚

嘁嘁

令人恐怖的远古鳄鱼

爬行动物鳄鱼不仅长相凶恶,行为也非常残暴。它张开满是尖利牙齿的大嘴捕食鱼、虾和哺乳动物。如果鳄鱼有恐龙那么大的话,对人类一定是个极大的威胁。而中生代的确生活着巨大的鳄鱼——帝鳄和恐鳄,恐龙见到它们都得退避三舍。

☠帝鳄

古生物学家认为,帝鳄可能长达 12 米,重达 11 吨。现今最大的鳄鱼体长为 6 米,体重为 1 吨,相比之下,帝鳄多么庞大啊!它拥有强有力的颌和锋利的牙齿,一些小型哺乳动物和中型恐龙常常是帝鳄的腹中之物。

☠恐怖的鳄鱼———恐鳄

恐鳄是史上出现过的最大型的鳄类之一,可能以恐龙为食。估计恐鳄的下颌长度为 2 米,体长可能有 15 米,体重约 8 吨。如此巨大的鳄鱼,能不令人感到恐怖吗!

比较恐鳄和人类的大小

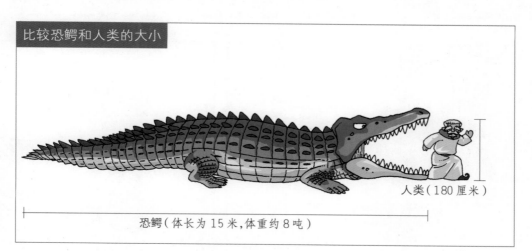

人类(180 厘米)

恐鳄(体长为 15 米,体重约 8 吨)

恐龙为什么会灭绝?

噗呜呜

为了魔界的安宁,您该想想办法了!

嗯……

由于肉食性恐龙的袭击,很多牧场的家禽不翼而飞,植食性恐龙把树叶吃光,导致森林大面积毁损……

要尽快想办法啊!

说得没错。

那就把它们送回恐龙时代吧。反正"召唤符咒"的效用也恢复了。

这样最好!

召唤来的恐龙大部分都是 6500 万年前的白垩纪后期的,所以面临着灭绝……

灭绝?!

但还有一些问题——

邪恶到底

问题?

最有说服力的就是陨石撞击说。陨石与地球撞击引起了火山爆发，导致太阳长时间被灰尘笼罩、下酸雨等现象。这些气候的变化带来了恐龙的灭绝。

为什么会灭绝啊？

有很多种假说。

还有一种就是火山爆发说。火山爆发时放出的有害物质使恐龙无法正常生活，所以恐龙才灭绝。

有害物

就是说，它们回去就会马上灭绝吗？

是的。

这是避免不了的。

在一起生活这么长时间，也算有了感情，真让人过意不去啊！

呼！

办法倒是有一个。

把它们送回到更久以前不就行了嘛！

哇，这办法挺好！

好，马上就行动！

遵命。

恐龙可以继续生存了吗？

恐龙灭绝之谜

恐龙灭绝大概是在 6500 万年前，因为之后形成的地层中，再也没有发现过恐龙的遗迹。恐龙灭绝的原因至今还不明确，出现了各种推测，下面是其中两种。

☠ 陨石撞击说

如果直径为 10 千米的陨石与地球相撞的话，就会导致大爆炸。爆炸时半径 400 千米~500 千米以内的所有物体都会受到破坏，而且还可能引起地震和火山爆发，陨石碎片、灰尘等会长时间笼罩地球。在这种环境下，生命体几乎不可能生存下来。目前陨石撞击说是最有说服力的。

☠ 火山爆发说

持续的火山爆发引起气候变化，从而导致恐龙的灭绝。火山爆发时会放出二氧化碳及其他有害物质，加剧了恐龙的灭绝。

柳作家
"戒掉"MTB
开始打棒球！

后记 漫画家的日常1

漫画家与这本书的柳太淳作家是合作过3次的老搭档。现在光凭眼神就……

忽闪忽闪　放电　那个

完、完全看不出来啊！

请说话！

非要列举友善的柳作家的缺点的话——

结稿总是迟一点！

这是秘密

实话告诉你们吧。当时沉迷在山地车（MTB）运动中，所以交稿可能迟了一点……

所以今年狠心停止了山地车运动。

哇，柳作家为了稿件竟放弃自己的爱好！

不愧为专家级！

其实山地车是个要一直自我挑战的很孤独的运动。

那期间真的好孤独。

呜呜，这回不再孤独了！

柳作家身边还有我呢！

所以，开始了很多人一起玩的棒球运动！

认真

开始了棒球运动！
开始了棒球运动！
开始了棒球运动！
开始了棒球运动！

哈哈哈……
现在一点都不孤独了！

稿、稿件呢？

《科学大探奇漫画》共5册

漫画好看！

故事搞笑！

知识有益！

埃及金字塔大探险

全4册

超人气爆笑科普漫画，
让你足不出户，赏人类文化遗产，
亲近世界历史与文明

吴哥窟大探险

全2册

吴哥窟——灿烂的
吴哥文化之精华

埃及——一座无与伦比的博物馆

秦始皇陵大探险

全2册

秦始皇陵——沉淀千年的历史文化瑰宝

著作权登记号:皖登字 1208628 号

알쏭달쏭 공룡 과학 상식

Text Copyright ⓒ 2007 by Hong, Jaecheol

Illustrations Copyright ⓒ 2007 by Lee, Taeho

Simplified Chinese translation copyright ⓒ 2019 by Anhui Children's Publishing House

This Simplified Chinese translation copyright is arranged with LUDENS MEDIA CO., Ltd.

through Carrot Korea Agency, SEOUL.

All rights reserved.

图书在版编目(CIP)数据

恐龙王国大探奇/〔韩〕柳太淳著;〔韩〕李泰虎绘;洪仙花译.—合肥:安徽少年儿童
出版社,2009.5(2019.1 重印)

(科学大探奇漫画)

ISBN 978-7-5397-4083-6

Ⅰ.①恐… Ⅱ.①柳… ②李… ③洪… Ⅲ.①恐龙–儿童读物 Ⅳ.①Q915.864–49

中国版本图书馆 CIP 数据核字(2009)第 065304 号

KEXUE DA TANQI MANHUA KONGLONG WANGGUO DA TANQI

科学大探奇漫画·恐龙王国大探奇

〔韩〕柳太淳/著
〔韩〕李泰虎/绘
洪仙花/译

出 版 人:张克文　　　　　版权运作:王 利 古宏霞　　　　　责任印制:田 航
责任编辑:曾文丽 王笑非 丁 倩 邵雅芸　　　　　责任校对:冯劲松
装帧设计:唐 悦
出版发行:时代出版传媒股份有限公司　　http://www.press-mart.com
　　　　　安徽少年儿童出版社　　E-mail:ahse1984@163.com
　　　　　新浪官方微博:http://weibo.com/ahsecbs
　　　　(安徽省合肥市翡翠路 1118 号出版传媒广场　　邮政编码:230071)
　　　　　市场营销部电话:(0551)63533532(办公室)　　63533524(传真)
　　　　(如发现印装质量问题,影响阅读,请与本社市场营销部联系调换)
印　　制:安徽国文彩印有限公司
开　　本:787mm×1092mm　　1/16　　　印张:11.25　　　字数:146 千字
版　　次:2009 年 5 月第 1 版　　　2019 年 1 月第 4 次印刷

ISBN 978-7-5397-4083-6　　　　　　　　　　　　　　　定价:28.00 元